新しい

松澤 昭
Akira Matsuzawa

電気回路 下

A New Approach to Electrical Circuits

講談社

まえがき

　本書は，ディジタル技術全盛時代における「電気回路」のあり方や，教授内容の国際化を踏まえて執筆した教科書である。

　「電気回路」は「電磁気学」とともに大学における電気電子系の基幹科目である。長い伝統があり定評のある教科書も少なくない。しかしながら，従来の「電気回路」の講義で重点的に取り扱うアナログ信号伝送・回路網は，現在ではほとんど使用されなくなっており，その重要性は大きく低下している。一方，スイッチング電源のようにインダクタを用いたエネルギー変換技術は現代の電源の主流になっているが，「電気回路」の講義内でほとんど取り扱っていない。伝送線路を用いる超高速ディジタル信号伝送や5G/6Gで話題になっている無線通信は今後とも発展する技術であり，その基礎に電気回路がある。したがって，時代の変化を意識して，本書で記述する内容を決め，上下巻の二分冊とし全19章の構成とした。

　電気回路においては複素数を多用し，計算式が多く，数学科目の1つのような印象を与えることが多い。計算問題を解くことができることが電気回路を学ぶ中心のような誤解があるが，学習者に計算式をあまり用いない電気現象の説明をお願いすると，かなりの学習者が答えに窮するというのが実体である。

　そこで，記述にあたっては，回路素子である抵抗・容量・インダクタあるいは伝送線の物理モデルがイメージできるように心がけた。各回路素子の物理特性，つまり，電圧・電流特性，電荷や磁束などの保存則，エネルギーの保存と消失，伝送線においては波動のふるまい，電圧・電流の連続，反射や透過などについてである。この回路素子の動作原理が理解できれば，ほとんどの電気現象が説明できる。

　電気回路において必須である複素数や，指数関数と三角関数を結ぶオイラーの公式も，数学ありきで電気回路に適用するのではなく，容量における静電エネルギーとインダクタにおける磁気エネルギーという，保存されるとともに相互変換が可能なエネルギーや，抵抗によるエネルギーの消失から，周期関数である指数関数と三角関数が出現し，エネルギー全体を捉えるために複素空間が必要となることを説明した。

　容量とインダクタは電圧・電流関係が時間微分や時間積分になるので，電気回路の動作記述は微積分方程式になるが，ラプラス変換によりこれを代数方程式にすることができる。これにより出現する「ポール」と「ゼロ」が電圧や電流の応答を決定し，時間的なふるまいだけでなく，周波数特性をも決めている。電気回路の解析や設計においては，複素平面上の「ポール」と「ゼロ」の位置を意識することを繰り返し指摘した。この概念は従来時間応答に対して適用されてきたが，周波数特性の把握にも有用であることも示した。

交流回路においては正弦波の定常応答としてとらえ，正弦波入力後に一定時間経過して定常状態に入れば，従来の $j\omega$ を用いた解析が有用なことを示したのちに，従来の交流回路理論を踏襲して記述している。

　さらに，国内のこれまでの電気回路の教科書ではあまり取り扱わなかったアナログフィルタ（下巻第13・14章）について多くのページを割いている。ディジタル全盛の時代でもアナログフィルタは必要であることと，周波数変換を通じて周波数特性の本質や，「ポール」と「ゼロ」の役割を把握する教材としても有効であると考えるからである。またフィルタ特性の合成を取り上げることで，大学教育の弱点である設計への展開を図った。希望する周波数特性を実現するためのいくつかの方法と手順について示している。これにともない，演算増幅回路（下巻第11章）についても基本機能について簡単に述べている。

　分布定数回路は高速信号伝送や無線通信において今後とも重要である。そこで，分布定数回路を高速信号伝送に必要な時間領域の取り扱いと，高周波回路で重要な周波数領域の取り扱いについて章を分け，前者（下巻第17章）はラプラス変換を用い，後者（下巻第18章）は $j\omega$ を用いた。時間領域の取り扱いにおいては従来あまり取り扱わなかった多重反射について体系的に記述し，特に反射係数の極性によって波形が大幅に変化することを示した。周波数領域の取り扱いについては分布定数線路を用いた，位置によるインピーダンスの変化だけでなく，反射係数を用いてインピーダンスを有限の円状に表示できるスミスチャートの考え方や，これを用いたインピーダンス整合方法を示すことで高周波回路への橋渡しを行った。

　本書の最後に，従来の電気回路の教科書では取り上げないスイッチング電源（下巻第19章）について，スイッチングによるインダクタを用いたエネルギー変換作用という観点で取り上げた。

　したがって本書では，従来のように交流理論を先に取り扱い，過渡応答を後で取り扱う記述ではなく，回路素子の基本応答，ラプラス変換，過渡応答，交流理論の順序で記述している。交流理論はあくまで定常状態の応答であり，特殊な条件で成り立つものである。電気特性は電圧・電流の時間微分・時間積分が基本である。迷ったらこの基本に立ち返って考えてほしい。

　このような内容は，国内のこれまでの電気回路の教科書からは逸脱しているとみられるかもしれないが，海外では本書のような順序で記述されている教科書が多いため，国際的にはまったく問題はないと考えている。

　2021年5月

松澤　昭

新しい電気回路＜下＞◉目次

新しい電気回路＜上＞　目次

第11章

演算増幅回路

演算増幅器は，直流信号の増幅が可能で，利得が極めて高い増幅器であり，集積回路技術を用いて実現される。この演算増幅器に負帰還技術を使用した回路が演算増幅回路である。高精度で動作環境の変化に強い安定した増幅ができるほか，加算器，減算器，積分器などの回路が実現できる。演算増幅器は通常は電子回路で取り扱われるが，本書では，主としてフィルタ回路を実現する回路要素として必要であるので，演算増幅器内部の具体的な回路や電気特性は論ぜず，理想的な機能のみを論ずることにする。

11.1 演算増幅器の基本特性

図11.1 に示すように，**演算増幅器**は基本的には2つの入力端子と1つの出力端子を持ち，2つの入力端に加えられた信号を増幅する。入力端子①（＋符号の端子）を非反転（または正相）入力端子，入力端子②（－符号の端子）を反転（または逆相）入力端子という。

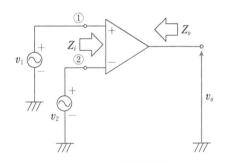

図11.1 基本演算増幅器

この回路に入力電圧 v_1, v_2 を加えると，出力電圧 v_o は，

$$v_o = A_d (v_1 - v_2) + A_c \left(\frac{v_1 + v_2}{2} \right) \tag{11.1}$$

1

となる。ここで，A_d を**差動利得**，A_c を**同相利得**という。通常，差動利得は1万倍から10万倍程度と大きく，同相利得は1以下と小さい。また，A_c と A_d の比を**同相除去比**(**CMRR**)という。すなわち，

$$\text{CMRR} = \frac{A_d}{A_c} \tag{11.2}$$

である。演算増幅器は入力インピーダンス Z_i および出力インピーダンス Z_o を有するが，ここでは，$Z_i = \infty$，$Z_o = 0$ の理想特性とする。

11.2 演算増幅回路

演算増幅回路には，反転増幅回路と正転増幅回路の2種類がある。

11.2.1 反転増幅回路

演算増幅器は，単体では利得が非常に大きいので(80 dB ～ 100 dB，1万倍から10万倍程度が多い)，単独使用では数百 μV 程度の入力電圧でも出力が飽和してしまうが，負帰還用の増幅器としては利得が高くとれるので誤差の少ない理想的な特性を得ることができる。

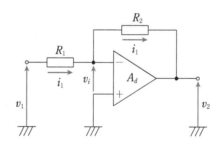

図11.2 反転増幅回路

演算増幅回路として最も基本的な回路である**反転増幅回路**を図11.2に示す。演算増幅器の入力電流が0と仮定して，出力電圧を求める。v_i は演算増幅器の入力端の電圧差である。

$$\left. \begin{array}{l} \dfrac{v_1 - v_i}{R_1} + \dfrac{v_2 - v_i}{R_2} = 0 \\[2mm] v_2 = - A_d v_i \end{array} \right\} \tag{11.3}$$

が成り立つので、v_i を消去して、反転増幅回路の差動利得は

$$G = \frac{v_2}{v_1} = -\frac{R_2}{R_1} \frac{1}{1 + \dfrac{1}{A_d}\left(1 + \dfrac{R_2}{R_1}\right)} \tag{11.4}$$

と求められる。したがって、A_d が十分大きい場合に式 (11.4) は、

$$G = \frac{v_2}{v_1} \approx -\frac{R_2}{R_1} \tag{11.5}$$

となり、抵抗の比率のみで利得が決定される。出力電圧は入力電圧に対して極性が反転している。演算増幅器の入力電圧 v_i は

$$v_i = -\frac{v_2}{A_d} = \frac{R_2}{R_1} \frac{v_1}{A_d + 1 + \dfrac{R_2}{R_1}} \approx \frac{v_1}{A_d \dfrac{R_1}{R_2}} \tag{11.6}$$

となり、増幅器の差動利得が十分に大きければ、ほぼ0とみなすことができる。よって、演算増幅器の反転入力端子の電位は接地電位にほぼ等しく、接地電位とみなすことができる。これを**仮想接地**という。抵抗 R_1 を流れる電流 i_1 は抵抗 R_2 を流れ、反転入力端子の電位が仮想接地になるので、電圧関係は図11.3で表すことができる。

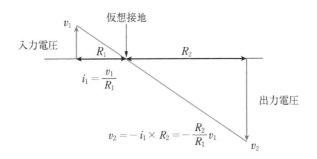

図11.3　反転増幅回路の電圧関係

　したがって、入力電圧 v_1 に対する入力インピーダンス Z_i は、

$$Z_i = \frac{v_1}{i_1} = R_1 \tag{11.7}$$

となる。演算増幅器の利得が極めて大きいことを考慮すると、出力インピーダンス Z_o は通常ほぼ0になる。

なお反転増幅回路では，非反転入力端子が接地されているので，反転入力端子の電位は接地電位にほぼ等しく，仮想接地と表現した。しかし，本質的には2つの入力端子間の電圧がほぼ等しいことであるので，**仮想短絡**とも呼ばれる。

11.2.2　正転増幅回路

　正転増幅回路（非反転増幅回路）を図**11.4**に示す。演算増幅器の利得が十分高く入力端子間電圧が0の仮想短絡が成り立つと仮定すると，

$$\left.\begin{aligned} i_2 &= \frac{v_2}{R_1 + R_2} \\ v_1 &= i_2 R_1 \end{aligned}\right\} \tag{11.8}$$

であるので，差動利得は

$$G = \frac{v_2}{v_1} = 1 + \frac{R_2}{R_1} \tag{11.9}$$

と求められる。正転増幅回路において，入力電流 i_1 はほとんど流れないので入力インピーダンスは極めて高く，通常無限大とみなしてよい。また，この回路も出力インピーダンスは通常ほぼ0になる。

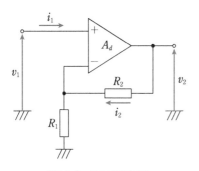

図11.4　正転増幅回路

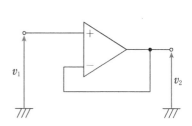

図11.5　電圧フォロワー

　正転増幅回路の特別な場合として $R_1 = \infty$，$R_2 = 0$ とすれば，図**11.5**に示す**電圧フォロワー**を構成できる。入力インピーダンスが極めて高く，出力インピーダンスがほぼ0，利得が1であるため，回路と回路を接続する際の**電圧バッファー**として用いられる。

11.3　演算増幅器の各種演算回路への応用

演算増幅器を用いることで，各種の演算回路が実現できる。

11.3.1　加算回路

電流の加算性を用いて，**加算回路**が実現できる（図11.6）。入力側の各抵抗を流れる電流は合流して，すべて帰還抵抗 R_f を流れるので，出力電圧は，

$$v_o = -R_f \left(\frac{v_1}{R_1} + \frac{v_2}{R_2} + \frac{v_3}{R_3} \right) \tag{11.10}$$

となり，重み付き加算が得られる。

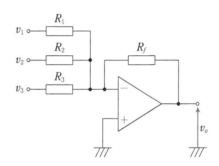

図11.6　加算回路

11.3.2　減算回路

減算回路を図11.7に示す。帰還により演算増幅器の入力端間電圧はほぼ0になり仮想短絡が成り立つので，非反転入力端の電圧を v_b とすると，

$$\left. \begin{aligned} v_b &= \frac{R_4}{R_3 + R_4} v_2 \\ \frac{v_1 - v_b}{R_1} &+ \frac{v_o - v_b}{R_2} = 0 \end{aligned} \right\} \tag{11.11}$$

となる。したがって，v_o は

$$v_o = -\frac{R_2}{R_1} v_1 + \frac{R_4 (R_1 + R_2)}{R_1 (R_3 + R_4)} v_2 \tag{11.12}$$

5

となる。ここで，簡単のために $\dfrac{R_2}{R_1} = \dfrac{R_4}{R_3}$ とすると，出力電圧 v_o は

$$v_o = -\frac{R_2}{R_1}(v_1 - v_2) \tag{11.13}$$

となり，v_1 と v_2 の差電圧に比例する。もちろん，R_1, R_3 を複数にすることで多入力の減算回路を実現できる。

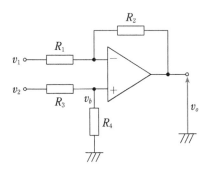

図11.7　減算回路

　ところで，図11.7の減算回路は入力インピーダンスが低いという課題がある。この点を解決したのが，図11.8に示す**高入力インピーダンス減算回路**であり，計測機器などに広く用いられている。演算増幅器 $\mathrm{OP_1}$, $\mathrm{OP_2}$ の利得が十分大きいときは，抵抗 R_4 を流れる電流 i_4 は，

$$i_4 = \frac{v_{in1} - v_{in2}}{R_4} = \frac{v_{o1} - v_{o2}}{R_4 + 2R_3} \tag{11.14}$$

となる。これより，式 (11.13) を用いて，出力電圧は

$$v_{out} = -\frac{R_2}{R_1}(v_{o1} - v_{o2}) = -\frac{R_2}{R_1}\left(1 + \frac{2R_3}{R_4}\right)(v_{in1} - v_{in2}) \tag{11.15}$$

となる。したがって，抵抗 R_4 のみの値を変えることで利得を変化させることができるほか，高入力インピーダンスが実現できる。

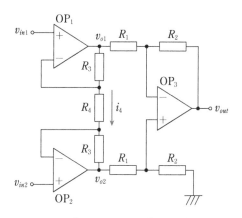

図11.8　高入力インピーダンス減算回路

例11.1

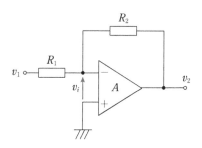

図11.9　演算増幅器を用いた回路

図 11.9 の演算増幅器を用いた回路において，以下を求める。

1)　抵抗 $R_1 = 1\,\mathrm{k\Omega}$，$R_2 = 2\,\mathrm{k\Omega}$，演算増幅器の入力電流は 0，利得 A を無限大とし
て仮想接地が成り立つと仮定する。このとき入力電圧 $v_1 = 1.0\,\mathrm{V}$ とすると，出力
電圧 v_2，抵抗 R_1 を流れる電流，抵抗 R_2 を流れる電流，演算増幅器の入力端間電
圧 v_i は以下となる。

・出力電圧 v_2 は $-2.0\,\mathrm{V}$
・抵抗 R_1 を流れる電流は R_2 と等しく $1\,\mathrm{mA}$
・演算増幅器の入力端間電圧 v_i は $0\,\mathrm{V}$

2) 抵抗 $R_1 = 1\,\mathrm{k\Omega}$, $R_2 = 2\,\mathrm{k\Omega}$, 演算増幅器の入力電流は0, 利得 A を1000, 入力電圧 $v_1 = 1.0\,\mathrm{V}$ のとき, 出力電圧 v_2, 抵抗 R_1 を流れる電流, 抵抗 R_2 を流れる電流, 演算増幅器の入力端間電圧 v_i を求める。

キルヒホッフの電流則より,

$$\frac{v_i - v_1}{R_1} + \frac{v_i - v_2}{R_2} = 0, \quad v_2 = -Av_i$$

となり, 出力電圧 v_2 は

$$v_2 = -\frac{R_2}{R_1} \frac{1}{1 + \dfrac{1}{A}\left(1 + \dfrac{R_2}{R_1}\right)} v_1$$

この式に各定数を代入すると,

$$v_2 = -\frac{2}{1 + \dfrac{3}{1000}} \approx -2\left(1 - \frac{3}{1000}\right) = -1.994\,\mathrm{V}$$

となる。演算増幅器の入力端間電圧 v_i は

$$v_i = -\frac{v_2}{A} \approx \frac{1.994}{1000} \approx 2\,\mathrm{mV}$$

抵抗 R_1, R_2 を流れる電流 I は,

$$I = \frac{v_1 - v_i}{R_1} = \frac{1.000 - 0.002}{1000} = 0.998\,\mathrm{mA}$$

となる。

11.3.3 積分回路

演算増幅器を用いた**積分回路**を**図11.10**に示す。反転増幅回路において, 帰還回路に容量を用いることで入力電圧の時間積分を得ることができる。演算増幅器の利得が十分に大きければ, 入力端子は仮想接地とみなしてよい。したがって,

$$i_1 = \frac{v_1}{R} \tag{11.16}$$

となり, 演算増幅器の入力電流が0の場合は, この電流がすべて容量 C を流れるので, 出力電圧 v_2 は,

$$v_2 = -\frac{1}{C}\int_0^t i_1\,dt + v_2\,|_{t=0} = -\frac{1}{CR}\int_0^t v_1\,dt + v_2\,|_{t=0} \tag{11.17}$$

となり，入力電圧 v_1 の時間積分値が出力電圧に現れる。$v_2\,|_{t=0}$ は時間 0 のときの出力電圧である。通常，積分回路では初期電荷をリセットするためにスイッチ SW を設けている。積分回路は 13 章および 14 章のフィルタの基礎となる回路である。

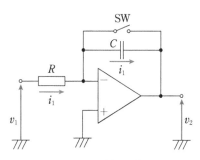

図11.10　積分回路

11.4　スイッチトキャパシタ回路

　MOS トランジスタを用いた演算増幅器では，入力電流がほとんど流れない。このため電荷が保存されるので，抵抗ではなく容量を用いた演算が可能である。容量とスイッチを用いた演算回路である**スイッチトキャパシタ回路**を図**11.11** に示す。

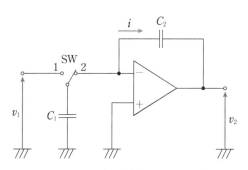

図11.11　スイッチトキャパシタ回路

スイッチSWは，はじめに1側に倒されており，容量 C_1 には入力電圧 v_1 が印加される。したがって，容量 C_1 に蓄積される電荷 Q_1 は以下となる。

$$Q_1 = C_1 v_1 \qquad (11.18)$$

次に，スイッチSWが2側に倒されると，容量 C_1 は演算増幅器の反転入力端子に接続され仮想接地の状態になるので，蓄積された電荷は電流 i となって容量 C_2 に流れ込む。C_1 の電荷は最終的に0になるので，容量 C_2 に転送された電荷は Q_1 に等しい。したがって，出力電圧 v_2 は，

$$v_2 = \frac{Q_0 - Q_1}{C_2} = v_2\,|_{t=0} - \frac{C_1}{C_2} v_1 \qquad (11.19)$$

となる。ここで，Q_0 は $t=0$ における容量 C_2 の電荷，$v_2\,|_{t=0}$ は $t=0$ における出力電圧 v_2 である。容量 C_2 にリセットスイッチを設けるなどして，$Q_0 = 0$ にしておけば，出力電圧 v_2 は入力電圧に比例したものになり，$C_1 > C_2$ の場合は反転増幅器が実現できる。また，C_2 の電荷を保存しておけば，スイッチを入れ替えるたびに電荷が蓄積し，積分器を実現することができる。

　しかし，図11.11に示したスイッチトキャパシタ回路は寄生容量に敏感であるため，あまり用いられず，図**11.12**に示す寄生容量に不感なスイッチトキャパシタ回路が用いられる。これには，**逆相型**と**正相型**がある。

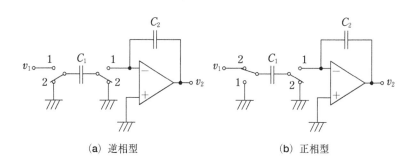

（a）逆相型　　　　　　　　（b）正相型

図11.12　**寄生容量に不感なスイッチトキャパシタ回路**

11.5　完全差動型演算増幅器

　これまで説明した演算増幅器は，入力が差動で，出力が単相であった。しかし，図11.13に示すように，出力も差動のものがあり，**完全差動型演算増幅器**と呼ばれている。

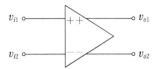

図11.13　完全差動型演算増幅器

入出力の電圧関係は，A_d を差動利得，A_c を同相利得として，以下となる。

・差動電圧
$$v_{o1} - v_{o2} = A_d \, (v_{i1} - v_{i2}) \tag{11.20}$$
・同相電圧

$$\frac{v_{o1} + v_{o2}}{2} - v_{co} = A_c \left(\frac{v_{i1} + v_{i2}}{2} - v_{ci} \right) - v_{co} \tag{11.21}$$

ここで，v_{ci} は入力電圧の中心となる**入力コモンモード電圧**，v_{co} は出力電圧の中心となる**出力コモンモード電圧**である。

図11.14に示すように，完全差動型演算増幅器は通常，回路形式上は反転増幅回路として用いられる。仮想短絡が成り立っていると仮定すると，差動入出力間の電圧は

$$v_{o1} - v_{o2} = -\frac{R_2}{R_1}(v_{i1} - v_{i2}) \tag{11.22}$$

となり，反転差動増幅回路の差動利得 G_d は

$$G_d = \frac{v_{o1} - v_{o2}}{v_{i1} - v_{i2}} = -\frac{R_2}{R_1} \tag{11.23}$$

となる。差動利得は式 (11.5) に示した差動入力，シングル出力の反転増幅回路と同じになる。完全差動型演算増幅器は同相ノイズに対して安定であるだけでなく，利得として反転と正転の極性の異なる出力が得られるので，回路の簡素化に有効であり，フィルタ回路によく用いられる。

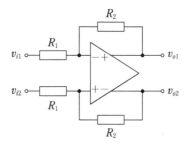

図11.14　完全差動型演算増幅器を用いた反転増幅回路

例11.2

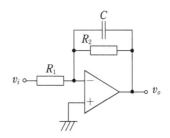

図11.15　演算増幅器を用いた回路

図11.15の演算増幅器を用いた回路において，以下を求める。

1)　はじめに抵抗 R_2 を無限大として，伝達関数 $H(s) = \dfrac{v_o(s)}{v_i(s)}$ を求める。演算増幅器の利得は無限大で仮想接地が成り立っているものとする。

キルヒホッフの電流則より

$$\frac{v_i(s)}{R_1} + sCv_o(s) = 0$$

が成り立つので，伝達関数 $H(s)$ は以下となる。

$$H(s) = \frac{v_o(s)}{v_i(s)} = -\frac{1}{sCR_1}$$

2) 問1) で求めた伝達関数のポールの位置を求める。ポールは周波数が0にできている。

$$sCR_1 = 0 \quad \text{より,} \quad p = 0$$

3) 問1) で求めた伝達関数の絶対値が1になる角周波数を求める。

$$|H(\omega)| = \frac{1}{\omega CR_1} = 1 \quad \text{より,} \quad \omega = \frac{1}{CR_1}$$

4) 抵抗 R_2 が有限であるとして，次に伝達関数 $H(s) = \dfrac{v_o(s)}{v_i(s)}$ を求める。演算増幅器の利得は無限大で仮想接地が成り立っているものとする。

キルヒホッフの電流則より

$$\frac{v_i(s)}{R_1} + \left(sC + \frac{1}{R_2}\right)v_o(s) = 0$$

が成り立つので，伝達関数 $H(s)$ は以下となる。

$$H(s) = \frac{v_o(s)}{v_i(s)} = -\frac{1}{R_1\left(sC + \dfrac{1}{R_2}\right)}$$

5) 問4) で求めた伝達関数のポールの位置を求める。

$$R_1\left(sC + \frac{1}{R_2}\right) = 0 \quad \text{より,} \quad p = -\frac{1}{CR_2}$$

6) 問4) で求めた伝達関数の絶対値が1になる角周波数を求める。

$$|H(\omega)| = \frac{1}{(\omega CR_1)^2 + \left(\dfrac{R_1}{R_2}\right)^2} = 1 \quad \text{より,} \quad \omega = \frac{1}{CR_1}\frac{\sqrt{R_2^2 - R_1^2}}{R_2} \quad \text{ただし } R_2 \geq R_1$$

7) R_2 が ∞，$R_1 = 1\,\text{k}\Omega$，$C = 16\,\text{pF}$ としたときの周波数特性（利得と位相）の概略を，$s \to j\omega$ 変換により図 **11.16** に赤線で示す。

8) $R_2 = 100\,\mathrm{k\Omega}$, $R_1 = 1\,\mathrm{k\Omega}$, $C = 16\,\mathrm{pF}$ としたときの周波数特性(利得と位相)の概略を,図11.16に青線で示す。ただし,$R_2 - R_1 \approx R_2$ の近似を用いた。

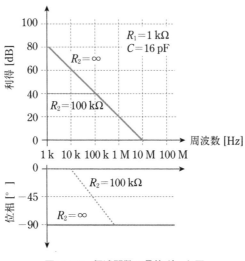

図11.16　伝達関数の骨格ボード図

● 演習問題

11.1 図問11.1において，データD_iが1のときスイッチS_iは演算増幅器の反転入力端を選択し，D_iが0のときスイッチS_iは接地を選択するものとする。また，演算増幅器は十分高い利得を有し，仮想接地が成り立っているものとする。以下の問いに答えよ。

(1) D_1が1でD_2, D_3が0のときの出力電圧V_{out}を求めよ。

(2) D_2が1でD_1, D_3が0のときの出力電圧V_{out}を求めよ。

(3) D_3が1でD_1, D_2が0のときの出力電圧V_{out}を求めよ。

(4) D_1, D_2, D_3の状態と出力電圧V_{out}の関係を求めよ。

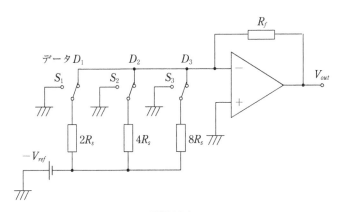

図問11.1

11.2 図問11.2において，データD_iが1のときスイッチS_iは演算増幅器の反転入力端を選択し，D_iが0のときスイッチS_iは接地を選択するものとする。また，演算増幅器は十分高い利得を有し，仮想接地が成り立っているものとする。以下の問いに答えよ。

(1) D_1が1でD_2, D_3が0のときの出力電圧V_{out}を求めよ。

(2) D_2が1でD_1, D_3が0のときの出力電圧V_{out}を求めよ。

(3) D_3が1でD_1, D_2が0のときの出力電圧V_{out}を求めよ。

(4) D_1, D_2, D_3の状態と出力電圧V_{out}の関係を求めよ。

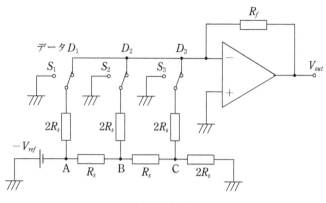

図問11.2

11.3 図問11.3はひずみゲージと呼ばれ，圧力による抵抗の変化を利用したひずみの検出回路として用いられる。圧力により変化した抵抗をΔRとし，$\Delta R \ll R$とするときの出力電圧V_{out}を求めよ。なお，演算増幅器の反転入力端の電圧をV_{i_n}，非反転入力端の電圧をV_{i_p}とする。

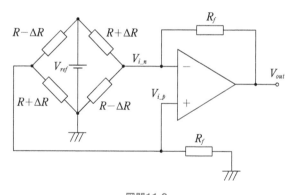

図問11.3

11.4 図問11.4において，はじめにスイッチS_1は信号$-V_{sig}$を選択し，スイッチS_2は閉じた状態にあり，容量Cの電荷は0とする。以下の問いに答えよ。

(1) スイッチS_2を開いた時刻を$t = 0$とするとき，出力電圧V_{out}を時間tの関数で表せ。

(2) スイッチS_2を開いてから時間Tが経過した後，スイッチS_1をV_{ref}側に切り替えた。その時刻を$t_c = 0$とするとき，出力電圧V_{out}を時間t_cの関数で表せ。

(3) 出力電圧が0を横切る時刻をt_{c0}とするとき，t_{c0}と入力信号V_{sig}の関係を求めよ。

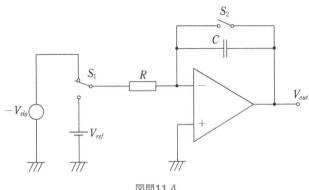

図問11.4

11.5 図問11.5の回路において，演算増幅器の利得は無限大で仮想接地が成り立っているとする。以下の問いに答えよ。

(1) $R_1=1\,\mathrm{k\Omega}$，$C=1.6\,\mathrm{pF}$，$R_2=\infty$，$R_3=0\,\Omega$としたとき，電圧利得$G_v=\left|\dfrac{V_{out}}{V_{in}}\right|$が1になる周波数$f_{t1}$を求め，周波数特性の概略を示せ。

(2) $R_1=1\,\mathrm{k\Omega}$，$C=1.6\,\mathrm{pF}$，$R_2=100\,\mathrm{k\Omega}$，$R_3=0\,\Omega$としたとき直流利得を求めよ。また，この値から電圧利得G_vが3 dB低下する周波数f_pを求め，周波数特性の概略を示せ。

(3) $R_1=1\,\mathrm{k\Omega}$，$C=1.6\,\mathrm{pF}$，$R_2=\infty$，$R_3=1\,\mathrm{k\Omega}$としたとき，ゼロを与える周波数f_zを求め，周波数特性の概略を示せ。ただし，ポールを与える周波数は近似的に問(2)の周波数f_pと変わらないものとする。

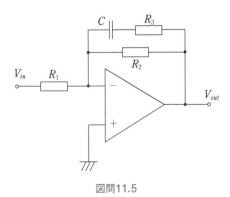

図問11.5

本章のまとめ

・演算増幅器：演算増幅器は，直流信号の増幅が可能で，利得が極めて高い増幅器であり，負帰還回路に用いられる。

・仮想短絡と仮想接地：演算増幅器は，理想状態では利得が無限大なので，入力端子間電圧がほぼ0の仮想短絡が成り立っているとして解析できる。なお反転増幅回路では，非反転入力端子が接地されているので，反転入力端子の電位は接地電位にほぼ等しく，仮想接地と呼ばれる。

・反転増幅回路と正転増幅回路：演算増幅器の基本的な回路構成には，反転増幅回路と正転増幅回路（非反転増幅回路）があり，利得は用いる抵抗の比率で決定される。利得の極性は反転増幅回路では負，正転増幅回路では正である。反転増幅回路の入力インピーダンスは入力側の抵抗値に等しく，正転増幅回路の入力インピーダンスは無限大である。

・加算回路と減算回路：演算増幅器を用いることで多入力の加算回路や減算回路が容易に実現できる。

・積分回路：演算増幅器の入力に抵抗を，帰還回路に容量を用いることで積分回路を実現できる。積分回路はフィルタ回路の基礎となる回路である。

・完全差動型演算増幅器：通常の演算増幅器は差動入力単相出力であるが，差動入力差動出力のものもあり，完全差動型演算増幅器と呼ばれている。正転出力と反転出力が容易に得られるので，フィルタ回路で用いられることが多い。

第12章

二端子対パラメータ

　図12.1に示すように，電気回路を二端子対を持つブラックボックスと捉え，両方の端子から見た性質だけで記述するのが二端子対パラメータである。回路が線形で重ね合わせの理が成り立つことが必要である。2つの端子における電圧と電流の関係は行列を用いて記述できることから，複雑な回路でも行列演算から求めることができ，電気回路の体系的な記述と解析に便利である。6種類の二端子対パラメータがあるが，本章では基本的なYパラメータ，Zパラメータ，Fパラメータの3種類について述べる。

図12.1　二端子対を持つブラックボックス

12.1　Yパラメータ

　Yパラメータは電圧を電流に変換する係数であるアドミッタンス Y を用いたものである。入力を電圧 V_1, V_2，出力を電流 I_1, I_2 としたとき，図12.1の回路はアドミッタンス Y を用いて，

$$\left.\begin{array}{l} I_1 = Y_{11} V_1 + Y_{12} V_2 \\ I_2 = Y_{21} V_1 + Y_{22} V_2 \end{array}\right\} \tag{12.1}$$

と表される。あるいは行列を用いて，

$$\begin{bmatrix} I_1 \\ I_2 \end{bmatrix} = \begin{bmatrix} Y_{11} & Y_{12} \\ Y_{21} & Y_{22} \end{bmatrix} \begin{bmatrix} V_1 \\ V_2 \end{bmatrix} \tag{12.2}$$

と表される。図12.2に等価回路を示す。

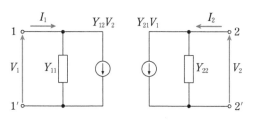

図12.2　Yパラメータの等価回路

Y_{11} は V_2 を 0（つまり端子2-2′間を短絡）にしたときの**入力アドミッタンス**で，

$$Y_{11} = \left(\frac{I_1}{V_1}\right)_{V_2=0} \tag{12.3}$$

で表される。

Y_{12} は V_1 を 0（つまり端子1-1′間を短絡）にしたときの**逆方向伝達アドミッタンス**で，

$$Y_{12} = \left(\frac{I_1}{V_2}\right)_{V_1=0} \tag{12.4}$$

で表される。

Y_{21} は V_2 を 0（つまり端子2-2′間を短絡）にしたときの**順方向伝達アドミッタンス**で，

$$Y_{21} = \left(\frac{I_2}{V_1}\right)_{V_2=0} \tag{12.5}$$

で表される。

Y_{22} は V_1 を 0（つまり端子1-1′間を短絡）にしたときの**出力アドミッタンス**で，

$$Y_{22} = \left(\frac{I_2}{V_2}\right)_{V_1=0} \tag{12.6}$$

で表される。

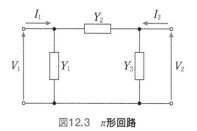

図12.3　π形回路

例えば，図12.3に示す**π形回路**の場合は

$$\begin{bmatrix} I_1 \\ I_2 \end{bmatrix} = \begin{bmatrix} Y_1 + Y_2 & -Y_2 \\ -Y_2 & Y_2 + Y_3 \end{bmatrix} \begin{bmatrix} V_1 \\ V_2 \end{bmatrix} \tag{12.7}$$

となる。Yパラメータはトランジスタの本質的な機能である電圧制御電流源を含むので，トランジスタを中心とする電子デバイスの特性を記述するときによく用いられる。

12.2 Zパラメータ

Zパラメータは電流を電圧に変換する係数であるインピーダンス Z を用いたものである。入力を電流 I_1, I_2，出力を電圧 V_1, V_2 としたとき，図12.1の回路はインピーダンス Z を用いて，

$$\left. \begin{array}{l} V_1 = Z_{11} I_1 + Z_{12} I_2 \\ V_2 = Z_{21} I_1 + Z_{22} I_2 \end{array} \right\} \tag{12.8}$$

と表される。あるいは行列を用いて，

$$\begin{bmatrix} V_1 \\ V_2 \end{bmatrix} = \begin{bmatrix} Z_{11} & Z_{12} \\ Z_{21} & Z_{22} \end{bmatrix} \begin{bmatrix} I_1 \\ I_2 \end{bmatrix} \tag{12.9}$$

と表される。図12.4に等価回路を示す。

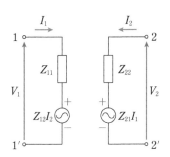

図12.4 **Z パラメータの等価回路**

図12.5に示す**T形回路**の Z パラメータは

$$\left. \begin{array}{l} Z_{11} = Z_1 + Z_2 \\ Z_{12} = Z_{21} = Z_2 \\ Z_{22} = Z_2 + Z_3 \end{array} \right\} \tag{12.10}$$

となる。

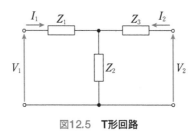

図12.5 T形回路

12.3 Y パラメータと Z パラメータ間の相互変換

ところで，式 (12.2) と式 (12.9) を比較すると変数が入れ替わっていることがわかる。このような2組の行列を互いに逆行列であるという。クラメールの公式を用いて，式 (12.9) から I_1 と I_2 を求めると，

$$\begin{bmatrix} I_1 \\ I_2 \end{bmatrix} = \frac{1}{\Delta_Z} \begin{bmatrix} Z_{22} & -Z_{12} \\ -Z_{21} & Z_{11} \end{bmatrix} \begin{bmatrix} V_1 \\ V_2 \end{bmatrix} \\ \Delta_Z = Z_{11}Z_{22} - Z_{12}Z_{21} \Bigg\}$$

(12.11)

となる。したがって

$$\left. \begin{array}{l} Y_{11} = \dfrac{Z_{22}}{\Delta_Z}, \ \ Y_{12} = -\dfrac{Z_{12}}{\Delta_Z} \\[2mm] Y_{21} = -\dfrac{Z_{21}}{\Delta_Z}, \ \ Y_{22} = \dfrac{Z_{11}}{\Delta_Z} \end{array} \right\}$$

(12.12)

である。逆に式 (12.2) から V_1 と V_2 を求めると，

$$\begin{bmatrix} V_1 \\ V_2 \end{bmatrix} = \frac{1}{\Delta_Y} \begin{bmatrix} Y_{22} & -Y_{12} \\ -Y_{21} & Y_{11} \end{bmatrix} \begin{bmatrix} I_1 \\ I_2 \end{bmatrix} \\ \Delta_Y = Y_{11}Y_{22} - Y_{12}Y_{21} \Bigg\}$$

(12.13)

となる。したがって

$$\left. \begin{array}{l} Z_{11} = \dfrac{Y_{22}}{\Delta_Y}, \ \ Z_{12} = -\dfrac{Y_{12}}{\Delta_Y} \\[2mm] Z_{21} = -\dfrac{Y_{21}}{\Delta_Y}, \ \ Z_{22} = \dfrac{Y_{11}}{\Delta_Y} \end{array} \right\}$$

(12.14)

である。

12.4　Fパラメータ

図12.6　Fパラメータ

　入力側の電圧 V_1，電流 I_1 を出力側の電圧 V_2，電流 I_2 で表すと，特に**縦続接続**において便利である。図12.6のように，電流 I_2 の向きをこれまでの逆にとり，次のようにおいたパラメータを **F パラメータ**，**縦続行列**，あるいは**四端子定数**という。

$$\left.\begin{aligned} V_1 &= AV_2 + BI_2 \\ I_1 &= CV_2 + DI_2 \end{aligned}\right\} \tag{12.15}$$

行列で表せば，

$$\begin{bmatrix} V_1 \\ I_1 \end{bmatrix} = \begin{bmatrix} A & B \\ C & D \end{bmatrix} \begin{bmatrix} V_2 \\ I_2 \end{bmatrix} \tag{12.16}$$

となる。

　A は $I_2 = 0$，つまり端子 2-2′ 間を開放したときの V_1 と V_2 の比であり，**電圧伝送係数**という。

$$A = \left(\frac{V_1}{V_2}\right)_{I_2=0} \tag{12.17}$$

　B は $V_2 = 0$，つまり端子 2-2′ 間を短絡したときの V_1 と I_2 の比で，**短絡伝達インピーダンス**と呼ばれる。

$$B = \left(\frac{V_1}{I_2}\right)_{V_2=0} = -\frac{1}{Y_{21}} \tag{12.18}$$

　C は $I_2 = 0$，つまり端子 2-2′ 間を開放したときの I_1 と V_2 の比で，**開放伝達アドミッタンス**と呼ばれる。

$$C = \left(\frac{I_1}{V_2}\right)_{I_2=0} = \frac{1}{Z_{21}} \tag{12.19}$$

D は $V_2 = 0$，つまり端子2-2′間を短絡したときの I_1 と I_2 の比であり，**電流伝送係数** という。

$$D = \left(\frac{I_1}{I_2}\right)_{V_2=0} \tag{12.20}$$

12.5　二端子対回路の縦続接続

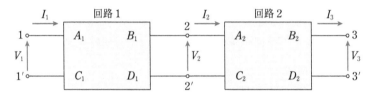

図12.7　二端子対回路の縦続接続

図**12.7**のように，2つの回路を**縦続接続**したとき，次の関係が成り立つ。

$$\begin{bmatrix} V_1 \\ I_1 \end{bmatrix} = \begin{bmatrix} A_1 & B_1 \\ C_1 & D_1 \end{bmatrix} \begin{bmatrix} A_2 & B_2 \\ C_2 & D_2 \end{bmatrix} \begin{bmatrix} V_3 \\ I_3 \end{bmatrix} \tag{12.21}$$

したがって，端子1-1′間と端子3-3′間のFパラメータは，行列演算により

$$\begin{bmatrix} A & B \\ C & D \end{bmatrix} = \begin{bmatrix} A_1 A_2 + B_1 C_2 & A_1 B_2 + B_1 D_2 \\ C_1 A_2 + D_1 C_2 & C_1 B_2 + D_1 D_2 \end{bmatrix} \tag{12.22}$$

となる。

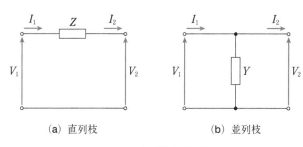

(a) 直列枝　　　　　　　　　(b) 並列枝

図12.8　直列枝と並列枝

梯子型回路では，図12.8に示す直列枝と並列枝が縦続に接続された回路になるので，Fパラメータを把握しておくと便利である。直列枝では

$$\left.\begin{array}{l} I_1 = I_2 \\ V_1 = V_2 + ZI_2 \end{array}\right\} \tag{12.23}$$

したがって，

$$\begin{bmatrix} V_1 \\ I_1 \end{bmatrix} = \begin{bmatrix} 1 & Z \\ 0 & 1 \end{bmatrix} \begin{bmatrix} V_2 \\ I_2 \end{bmatrix} \tag{12.24}$$

である。並列枝では

$$\left.\begin{array}{l} V_1 = V_2 \\ I_1 = I_2 + YV_2 \end{array}\right\} \tag{12.25}$$

したがって，

$$\begin{bmatrix} V_1 \\ I_1 \end{bmatrix} = \begin{bmatrix} 1 & 0 \\ Y & 1 \end{bmatrix} \begin{bmatrix} V_2 \\ I_2 \end{bmatrix} \tag{12.26}$$

である。

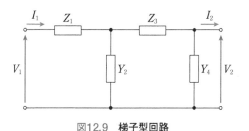

図12.9　梯子型回路

図12.9に示す梯子型回路のFパラメータは

$$\begin{bmatrix} A & B \\ C & D \end{bmatrix} = \begin{bmatrix} 1 & Z_1 \\ 0 & 1 \end{bmatrix} \begin{bmatrix} 1 & 0 \\ Y_2 & 1 \end{bmatrix} \begin{bmatrix} 1 & Z_3 \\ 0 & 1 \end{bmatrix} \begin{bmatrix} 1 & 0 \\ Y_4 & 1 \end{bmatrix} \tag{12.27}$$

である。これより

$$\begin{bmatrix} A & B \\ C & D \end{bmatrix} = \begin{bmatrix} 1 + Z_1 Y_2 & Z_1 \\ Y_2 & 1 \end{bmatrix} \begin{bmatrix} 1 + Z_3 Y_4 & Z_3 \\ Y_4 & 1 \end{bmatrix}$$

$$= \begin{bmatrix} (1 + Z_1 Y_2)(1 + Z_3 Y_4) + Z_1 Y_4 & (1 + Z_1 Y_2)Z_3 + Z_1 \\ (1 + Z_3 Y_4)Y_2 + Y_4 & Y_2 Z_3 + 1 \end{bmatrix} \tag{12.28}$$

と回路全体のFパラメータを行列演算で求めることができる。

12.6 二端子対回路の動作量

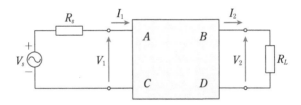

図12.10 二端子対回路の動作量

図12.10に示すように，電気回路では信号源抵抗 R_s を有する電圧源 V_s を入力信号として，負荷抵抗 R_L を駆動する場合が多い。そのため，入出力インピーダンス，電圧伝送比，電流伝送比，電力伝送比などの**動作量**を求める必要がある。Fパラメータを用いて，これらの動作量を以下のように表す。回路の基本式は式 (12.15) に次の式を追加すればよい。

$$\left. \begin{array}{l} V_1 = V_s - R_s I_1 \\ V_2 = R_L I_2 \end{array} \right\} \tag{12.29}$$

1) **入力インピーダンス Z_i**

$$Z_i = \frac{V_1}{I_1} = \frac{AV_2 + BI_2}{CV_2 + DI_2} = \frac{AR_L + B}{CR_L + D} \tag{12.30}$$

R_L を無限大としたときの**出力端開放入力インピーダンス Z_{if}** は

$$Z_{if} = \frac{A}{C} \tag{12.31}$$

であり，同様に出力端を短絡させたときの**出力端短絡入力インピーダンス** Z_{is} は

$$Z_{is} = \frac{B}{D} \tag{12.32}$$

である。

2)　**出力インピーダンス** Z_o

出力インピーダンス Z_o は信号源電圧 V_s を 0 （短絡）として，I_1, I_2 の極性を考慮すると，

$$Z_o = -\frac{V_2}{I_2} = \frac{DR_s + B}{CR_s + A} \tag{12.33}$$

となる。したがって，**入力端開放出力インピーダンス** Z_{of} と**入力端短絡出力インピーダンス** Z_{os} は以下となる。

$$Z_{of} = \frac{D}{C} \tag{12.34}$$

$$Z_{os} = \frac{B}{A} \tag{12.35}$$

3)　**整合インピーダンス** Z_{M1}, Z_{M2}

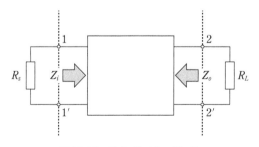

図12.11　**整合インピーダンス**

図12.11 に示すように，二端子対回路の両側を抵抗終端したときに $R_s = Z_i$，$Z_o = R_L$

の状態で入力も出力もインピーダンス整合がとれており，信号源から負荷に最大電力が伝送される。このときの入力インピーダンスを整合インピーダンス Z_{M1}，出力インピーダンスを整合インピーダンス Z_{M2} という。

そこで，この条件を求める。式 (12.30) と式 (12.33) より

$$Z_i = R_s = \frac{AR_L + B}{CR_L + D} \tag{12.36}$$

$$Z_o = R_L = \frac{DR_s + B}{CR_s + A} \tag{12.37}$$

となり，これより R_L を消去して

$$Z_{M1} = R_s = \sqrt{\frac{AB}{CD}} = \sqrt{Z_{if}Z_{is}} \tag{12.38}$$

同様に R_s を消去して，

$$Z_{M2} = R_L = \sqrt{\frac{DB}{CA}} = \sqrt{Z_{of}Z_{os}} \tag{12.39}$$

が得られる。したがって，整合インピーダンスは相手側の端子を開放および短絡したときのインピーダンスの幾何平均になる。整合インピーダンスはフィルタや分布定数回路において重要である。

4) 電圧伝送比 A_v, G_v

式 (12.15) と式 (12.29) より，

$$\left.\begin{array}{l} V_1 = AV_2 + BI_2 \\ V_2 = R_L I_2 \end{array}\right\} \tag{12.40}$$

が得られるので，電圧伝送比は

$$A_v = \frac{V_2}{V_1} = \frac{1}{A + \dfrac{B}{R_L}} \tag{12.41}$$

となる。また，信号源電圧 V_s から V_2 までの伝送は，

$$\begin{bmatrix} A_t & B_t \\ C_t & D_t \end{bmatrix} = \begin{bmatrix} 1 & R_s \\ 0 & 1 \end{bmatrix} \begin{bmatrix} A & B \\ C & D \end{bmatrix} \begin{bmatrix} 1 & 0 \\ 1/R_L & 1 \end{bmatrix} \tag{12.42a}$$

$$G_v = \frac{V_2}{V_s} = \frac{1}{A_t} \tag{12.42b}$$

したがって，

$$A_t = \begin{bmatrix} A + CR_s & B + DR_s \\ - & - \end{bmatrix} \begin{bmatrix} 1 & - \\ 1/R_L & - \end{bmatrix} = A + CR_s + B/R_L + R_s D/R_L \tag{12.43}$$

となる。ただし，式 (12.43) では計算に不要な項は省略している。

5) 電流伝送比 A_i
式 (12.15) および式 (12.29) を用いて電流 I_1, I_2 の関係から，次のようになる。

$$A_i = \frac{I_2}{I_1} = \frac{1}{CR_L + D} \tag{12.44}$$

6) 電力伝送比
電力伝送比には以下の a) 〜 c) がある。二端子対パラメータが複素数の場合は式が複雑になるので，ここでは，A, B, C, D が正の実数の場合に限って議論する。

a) 電力比 ξ
電力比 ξ は次のように定義される。

$$\xi = \frac{負荷電力 P_L}{二端子対の入力電力 P_i} \tag{12.45}$$

したがって，式 (12.41) および式 (12.44) を用いて

$$\xi = \frac{V_2 I_2}{V_1 I_1} = A_v A_i = \frac{1}{(A + B/R_L)(CR_L + D)} \tag{12.46}$$

となる。ξ は R_s によらず R_L のみに関係する。$\dfrac{\partial \xi}{\partial R_L} = 0$ から最大電力を伝送するための最適負荷 R_{LOPT} を求めると，$R_{LOPT} = Z_{M2}$ のときに ξ が最大値 ξ_m をとることがわかる。式 (12.46) に式 (12.39) の Z_{M2} を代入すると，最大値は以下となる。

$$\xi_m = \frac{1}{(\sqrt{AD} + \sqrt{BC})^2} \tag{12.47}$$

b) 有効電力伝送比 G_{av}
有効電力伝送比 G_{av} は次のように定義される。

$$G_{av} = \frac{\text{二端子対の最大出力電力} P_{avo}}{\text{信号源の最大電力} P_{avs}} \tag{12.48}$$

また，信号源の最大電力 P_{avs} は以下となる。

$$P_{avs} = \frac{V_s^2}{4R_s} \tag{12.49}$$

一方，二端子対の最大出力電力を求めるために図12.10の R_L を開放した場合の開放電圧と内部抵抗からテブナンの等価回路を求めると，式 (12.33) の Z_o および式 (12.42b) の G_v および関連する式 (12.43) において $R_L \to \infty$ として，**図 12.12** が得られる。

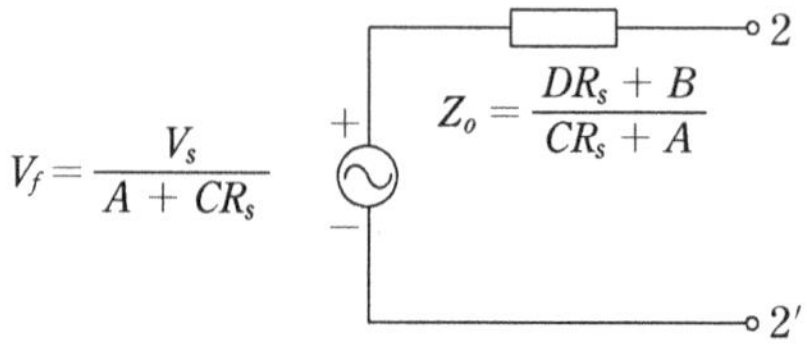

$$V_f = \frac{V_s}{A + CR_s} \qquad Z_o = \frac{DR_s + B}{CR_s + A}$$

図12.12　出力側のテブナンの等価回路

これより，二端子対の最大出力電力は以下となる。

$$P_{avo} = \frac{V_f^2}{4Z_o} = \frac{(CR_s + A)V_s^2}{4(DR_s + B)(CR_s + A)^2} = \frac{V_s^2}{4(DR_s + B)(CR_s + A)} \tag{12.50}$$

式 (12.49) と式 (12.50) より，有効電力伝送比 G_{av} は以下となる。

$$G_{av} = \frac{V_f^2}{4Z_o}\frac{4R_s}{V_s^2} = \frac{1}{(CR_s + A)(B/R_s + D)} \tag{12.51}$$

c)　動作電力伝送比 G_{op}

動作電力伝送比 G_{op} は次のように定義される。

$$G_{op} = \frac{\text{負荷電力} P_L}{\text{信号源の最大電力} P_{avs}} \tag{12.52}$$

式 (12.43) と式 (12.49) を用いると，

$$\begin{aligned}
G_{op} &= \frac{V_2^2}{R_L}\frac{4R_s}{V_s^2} = \frac{4R_s}{R_L}\frac{1}{(A + B/R_L + R_s C + DR_s/R_L)^2} \\
&= \frac{4}{\left(\sqrt{\dfrac{R_L}{R_s}} \cdot A + \dfrac{B}{\sqrt{R_s R_L}} + \sqrt{R_s R_L} \cdot C + \sqrt{\dfrac{R_s}{R_L}} \cdot D\right)^2}
\end{aligned} \tag{12.53}$$

となる。G_{op} は R_s と R_L の両方に関係し，入出力に不整合があれば必ずや G_{av} よりも

小さくなる。よって，$R_s = Z_{M1}$, $R_L = Z_{M2}$ のときに G_{op} は最大となり

$$G_{op} = G_{avm} = \xi_m = \frac{1}{(\sqrt{AD} + \sqrt{BC})^2} \tag{12.54}$$

となる。G_{op} は回路から入出力の両側を見たときの電力伝送比ということができる。

例12.1

図12.13に示すL形二端子対回路のFパラメータ A, B, C, D を求める。

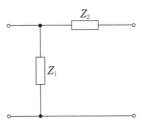

図12.13　L形二端子対回路

$$\begin{bmatrix} A & B \\ C & D \end{bmatrix} = \begin{bmatrix} 1 & 0 \\ 1/Z_1 & 1 \end{bmatrix} \begin{bmatrix} 1 & Z_2 \\ 0 & 1 \end{bmatrix} = \begin{bmatrix} 1 & Z_2 \\ 1/Z_1 & 1 + Z_2/Z_1 \end{bmatrix}$$

ここで，以下の公式を用いた。

$$\begin{bmatrix} a_{11} & a_{12} \\ a_{21} & a_{22} \end{bmatrix} \begin{bmatrix} b_{11} & b_{12} \\ b_{21} & b_{22} \end{bmatrix} = \begin{bmatrix} a_{11}b_{11} + a_{12}b_{21} & a_{11}b_{12} + a_{12}b_{22} \\ a_{21}b_{11} + a_{22}b_{21} & a_{21}b_{12} + a_{22}b_{22} \end{bmatrix}$$

例12.2

図12.14に示すT形二端子対回路のFパラメータ A, B, C, D を求める。

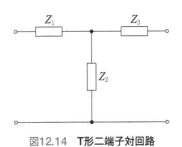

図12.14　T形二端子対回路

$$\begin{bmatrix} A & B \\ C & D \end{bmatrix} = \begin{bmatrix} 1 & Z_1 \\ 0 & 1 \end{bmatrix} \begin{bmatrix} 1 & 0 \\ 1/Z_2 & 1 \end{bmatrix} \begin{bmatrix} 1 & Z_3 \\ 0 & 1 \end{bmatrix} = \begin{bmatrix} 1 + Z_1/Z_2 & Z_1 \\ 1/Z_2 & 1 \end{bmatrix} \begin{bmatrix} 1 & Z_3 \\ 0 & 1 \end{bmatrix}$$

$$= \begin{bmatrix} 1 + \dfrac{Z_1}{Z_2} & Z_1 + Z_3 + \dfrac{Z_1 Z_3}{Z_2} \\ \dfrac{1}{Z_2} & 1 + \dfrac{Z_3}{Z_2} \end{bmatrix}$$

例 12.3

図12.15に示す π 形二端子対回路の F パラメータ A, B, C, D を求める。

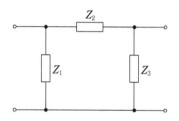

図12.15　π形二端子対回路

$$\begin{bmatrix} A & B \\ C & D \end{bmatrix} = \begin{bmatrix} 1 & 0 \\ 1/Z_1 & 1 \end{bmatrix} \begin{bmatrix} 1 & Z_2 \\ 0 & 1 \end{bmatrix} \begin{bmatrix} 1 & 0 \\ 1/Z_3 & 1 \end{bmatrix} = \begin{bmatrix} 1 & Z_2 \\ 1/Z_1 & 1 + Z_2/Z_1 \end{bmatrix} \begin{bmatrix} 1 & 0 \\ 1/Z_3 & 1 \end{bmatrix}$$

$$= \begin{bmatrix} 1 + \dfrac{Z_2}{Z_3} & Z_2 \\ \dfrac{1}{Z_1} + \dfrac{1}{Z_3} + \dfrac{Z_2}{Z_1 Z_3} & 1 + \dfrac{Z_2}{Z_1} \end{bmatrix}$$

例 12.4

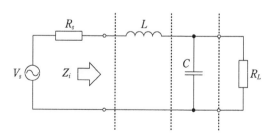

図12.16　インピーダンス整合回路

図12.16 の LC 回路を用いて，負荷抵抗 R_L を抵抗 R_s にインピーダンス整合させる条件を求める。この回路ではキルヒホッフの法則を用いて簡単に計算できるが，F パラメータを用いて解くことを試みる。容量 C は並列枝になっているので，F パラメータは式 (12.26) より

$$\begin{bmatrix} 1 & 0 \\ j\omega C & 1 \end{bmatrix} \tag{12.55}$$

となり，同様にインダクタ L は直列枝になっているので，F パラメータは式 (12.24) より

$$\begin{bmatrix} 1 & j\omega L \\ 0 & 1 \end{bmatrix} \tag{12.56}$$

となる。

したがって，式 (12.21)，(12.22) より，LC 回路の F パラメータは以下となる。

$$\begin{bmatrix} A & B \\ C & D \end{bmatrix} = \begin{bmatrix} 1 & j\omega L \\ 0 & 1 \end{bmatrix} \begin{bmatrix} 1 & 0 \\ j\omega C & 1 \end{bmatrix} = \begin{bmatrix} 1 - \omega^2 LC & j\omega L \\ j\omega C & 1 \end{bmatrix} \tag{12.57}$$

よって，入力インピーダンス Z_i は式 (12.30)，(12.57) より

$$Z_i = \frac{AR_L + B}{CR_L + D} = \frac{(1 - \omega^2 LC)R_L + j\omega L}{1 + j\omega CR_L} = \frac{R_L - j\omega \left\{ CR_L^2 \left(1 - \omega^2 LC - L \right) \right\}}{1 + (\omega CR_L)^2} \tag{12.58}$$

となる。したがって，実数部は

$$\left. \begin{aligned} \mathrm{Re}\{Z_i\} &= \frac{R_L}{1 + (\omega CR_L)^2} = \frac{R_L}{1 + Q^2} \\ Q &= \omega CR_L \end{aligned} \right\} \tag{12.59}$$

である。これより，R_s との整合条件は

$$\left. \begin{aligned} \frac{R_L}{1 + Q^2} &= R_s \\ \therefore Q &= \sqrt{\frac{R_L}{R_s} - 1} \end{aligned} \right. \tag{12.60}$$

となり，容量 C は

$$C = \frac{Q}{\omega R_L} = \frac{1}{\omega R_L} \sqrt{\frac{R_L}{R_s} - 1} \tag{12.61}$$

となる。ただし，$R_L > R_s$ である。また，虚数部は

$$\text{Im}\,\{Z_i\} = \frac{\omega\{CR_L{}^2\,(1 - \omega^2 LC) - L\}}{1 + (\omega CR_L)^2} \tag{12.62}$$

であり，抵抗 R_s とインピーダンス整合をとるためには虚数部は0にならなければならないので，

$$CR_L{}^2\,(1 - \omega^2 LC) - L = 0$$
$$\therefore\ \omega = \sqrt{\frac{1}{LC} - \left(\frac{1}{CR_L}\right)^2} \tag{12.63}$$

あるいは，式 (12.59) に示した Q を用いると

$$\omega = \frac{Q}{\sqrt{1 + Q^2}} \frac{1}{\sqrt{LC}} \tag{12.64}$$

となる。ただし，$\dfrac{1}{\sqrt{LC}} > \dfrac{1}{CR_L}$ である。インダクタンスの値は式 (12.64) より

$$L = \frac{Q^2}{1 + Q^2} \frac{1}{\omega^2 C} \tag{12.65}$$

と求まる。また，式 (12.60) を用いると

$$L = \left(1 - \frac{R_s}{R_L}\right) \frac{1}{\omega^2 C} \tag{12.66}$$

と表される。

　周波数 100 MHz で $R_L = 300\,\Omega$ の負荷抵抗を入力インピーダンス $R_s = 50\,\Omega$ とインピーダンス整合をとるときの容量 C とインダクタンス L は以下となる。はじめに Q を求める。式 (12.60) より以下となる。

$$Q = \sqrt{\frac{R_L}{R_s} - 1} = \sqrt{5}$$

次に，容量 C は式 (12.61) より以下となる。

$$C = \frac{Q}{\omega R_L} = \frac{\sqrt{5}}{2\pi \times 10^8 \times 300} \approx 1.19 \times 10^{-11}\,\text{F} = 11.9\,\text{pF}$$

最後に，インダクタンス L は式 (12.65) より以下となる。

$$L = \frac{Q^2}{1 + Q^2}\frac{1}{\omega^2 C} = \frac{5}{6}\frac{1}{(2\pi \times 10^8)^2 \times 1.19 \times 10^{-11}} \approx 1.78 \times 10^{-7}\,\mathrm{H} = 178\,\mathrm{nH}$$

● 演習問題

12.1 図問12.1に示す回路のFパラメータ A, B, C, D を求めよ。

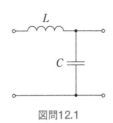

図問12.1

12.2 図問12.2に示す回路のFパラメータ A, B, C, D を求めよ。

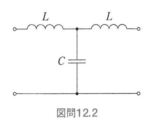

図問12.2

12.3 図問12.3に示す回路のFパラメータ A, B, C, D を求めよ。

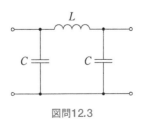

図問12.3

12.4 図問12.4に示すLC回路において，以下の問いに答えよ。ただし，$R_S > R_L$とする。

(1) Fパラメータを求めよ

(2)式(12.30)を用いて，入力アドミッタンスY_iを求めよ。

(3) $Q = \dfrac{\omega L}{R_L}$ を用いて，アドミッタンスの実数部を表せ。

(4)負荷抵抗R_Lを信号源抵抗R_sに整合させるときのQを求めよ。

(5)アドミッタンスの虚数部が0になる角周波数ωを求めよ。

(6)周波数100 MHzで$R_L = 10\ \Omega$の負荷抵抗と$R_s = 50\ \Omega$の信号源抵抗のインピーダンス整合をとるときのインダクタンスLと容量Cを求めよ。

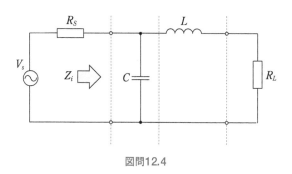

図問12.4

12.5 図問12.5(a)はアドミッタンスY_1, Y_2, Y_3で記述したπ形回路，図問12.5(b)はインピーダンスZ_1, Z_2, Z_3で示したT型回路である。以下の問いに答えよ。

(1)インピーダンスZ_1, Z_2, Z_3をアドミッタンスY_1, Y_2, Y_3で表せ。

(2)アドミッタンスY_1, Y_2, Y_3をインピーダンスZ_1, Z_2, Z_3で表せ。

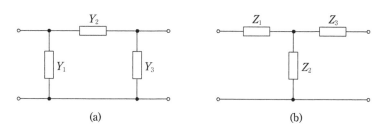

(a)　　　　　　　　　　　(b)

図問12.5

本章のまとめ

- 二端子対パラメータ：電気回路を二端子対を持つブラックボックスとして捉え，両方の端子から見た性質だけで記述するのが二端子対パラメータである。2つの端子における電圧と電流の関係は行列を用いて記述できる。

- 各二端子対パラメータの記述：各パラメータは以下である。

  Yパラメータは $\begin{bmatrix} I_1 \\ I_2 \end{bmatrix} = \begin{bmatrix} Y_{11} & Y_{12} \\ Y_{21} & Y_{22} \end{bmatrix} \begin{bmatrix} V_1 \\ V_2 \end{bmatrix}$

  Zパラメータは $\begin{bmatrix} V_1 \\ V_2 \end{bmatrix} = \begin{bmatrix} Z_{11} & Z_{12} \\ Z_{21} & Z_{22} \end{bmatrix} \begin{bmatrix} I_1 \\ I_2 \end{bmatrix}$

  Fパラメータは $\begin{bmatrix} V_1 \\ I_1 \end{bmatrix} = \begin{bmatrix} A & B \\ C & D \end{bmatrix} \begin{bmatrix} V_2 \\ I_2 \end{bmatrix}$

- Fパラメータ：Fパラメータは回路の縦続接続に適し，図のような2つの回路の縦続接続の場合，次の関係が成り立つ。

  $$\begin{bmatrix} V_1 \\ I_1 \end{bmatrix} = \begin{bmatrix} A_1 & B_1 \\ C_1 & D_1 \end{bmatrix} \begin{bmatrix} A_2 & B_2 \\ C_2 & D_2 \end{bmatrix} \begin{bmatrix} V_3 \\ I_3 \end{bmatrix}$$

  したがって，端子 1-1′間と端子 3-3′間のFパラメータは，行列演算により

  $$\begin{bmatrix} A & B \\ C & D \end{bmatrix} = \begin{bmatrix} A_1 A_2 + B_1 C_2 & A_1 B_2 + B_1 D_2 \\ C_1 A_2 + D_1 C_2 & C_1 B_2 + D_1 D_2 \end{bmatrix}$$

  となる。

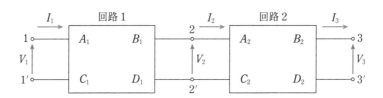

- 直列枝と並列枝：梯子型回路の場合は，図のように直列枝と並列枝が基本になる。

  直列枝では $\begin{bmatrix} V_1 \\ I_1 \end{bmatrix} = \begin{bmatrix} 1 & Z \\ 0 & 1 \end{bmatrix} \begin{bmatrix} V_2 \\ I_2 \end{bmatrix}$

並列枝では $\begin{bmatrix} V_1 \\ I_1 \end{bmatrix} = \begin{bmatrix} 1 & 0 \\ Y & 1 \end{bmatrix} \begin{bmatrix} V_2 \\ I_2 \end{bmatrix}$

(a) 直列枝   (b) 並列枝

第13章

フィルタ回路の基礎

　フィルタ回路は，ある周波数以下の低周波信号のみを通過させたり，ある周波数以上の高周波信号のみを通過させたりする周波数選択を行う回路である。必要な信号のみを通過させ，その他の雑音や妨害波を抑制することで信号対ノイズ比（SNR）を上げることに用いられる。また，A/D変換器やD/A変換器においては，変換周波数の1/2以上の周波数がより低い周波数に変換される「折り返し」と呼ばれる現象があり，その現象を抑制することに使用されることが多い。

　電気回路においては，システム関数上のポールやゼロの位置が時間応答特性や周波数特性において本質的に重要であることを上巻で説明した。フィルタ回路においては，ある規則にしたがってポールやゼロの位置を決めることで特徴的な周波数特性を実現できる。電気回路におけるポールやゼロの重要性が再確認されることを期待したい。

13.1　フィルタの基本特性

　フィルタの基本特性を図13.1に示す。フィルタの周波数特性は，信号が通過する周波数帯域である**パスバンド**と，あまり通過しない周波数帯域である**ストップバンド**に分けられる。パスバンドはフィルタの伝達関数 $H(\omega)$ が，許容値である**最大許容パスバンド透過率** $-A_p$ 以上である周波数帯域であり，パスバンドの最高角周波数 ω_p をパスバンドエッジという。ストップバンドはフィルタの伝達関数 $H(\omega)$ が，許容値である**最小パスバンド透過率** $-A_s$ 以下である周波数帯域であり，ストップバンドの最低角周波数 ω_s を**ストップバンドエッジ**という。

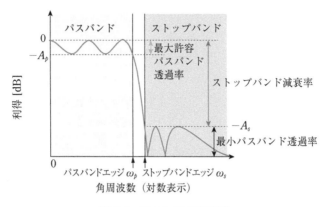

図13.1　フィルタの基本特性

13.2　各種フィルタ

　フィルタは，パスバンドとストップバンドの配置により，図13.2に示すように，基本的に4つに分類される。

1) ローパスフィルタ(低域通過フィルタ，LPF)
ω_p までの低域がパスバンドで，ω_p 以上の高域がストップバンドのものをいう。

2) ハイパスフィルタ(高域通過フィルタ，HPF)
ω_p 以上の高域がパスバンドで，ω_p までの低域がストップバンドのものをいう。

3) バンドパスフィルタ(帯域通過フィルタ，BPF)
ある周波数帯域(ω_{p1} から ω_{p2} まで)がパスバンドで，その他の周波数帯域がストップバンドのものをいう。また，ω_b $(=\omega_{p2}-\omega_{p1})$を**パスバンド幅**という。

4) バンドリジェクトフィルタ(帯域阻止フィルタ，BRF)
ある周波数帯域(ω_{p1} から ω_{p2} まで)がストップバンドで，その他の周波数帯域がパスバンドのものをいう。**バンドストップフィルタ(帯域除去フィルタ，BSF)**ともいう。また，ω_b $(=\omega_{p2}-\omega_{p1})$を**ストップバンド幅**という。

　このように各種フィルタがあるが，これらのフィルタはローパスフィルタを基本として設計される。

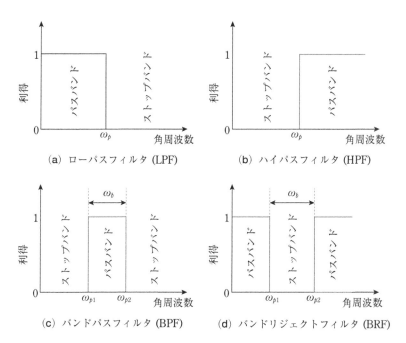

(a) ローパスフィルタ (LPF)

(b) ハイパスフィルタ (HPF)

(c) バンドパスフィルタ (BPF)

(d) バンドリジェクトフィルタ (BRF)

図13.2 各種フィルタ

13.3 伝達関数

フィルタによる周波数特性は特定の**伝達関数** $H(s)$ により表される。一般に伝達関数は式 (13.1) のように分子多項式と分母多項式で表されるが $(m < n)$，これは 1 次式と 2 次式の積に分解できる。

$$
H_n(s) = \frac{\displaystyle\sum_{i=0}^{m} b_i s^i}{\displaystyle\sum_{i=0}^{n} a_i s^i} = \prod_{j=1} \frac{\beta_{j1} s + \beta_{j0}}{\alpha_{j1} s + \alpha_{j0}} \cdot \prod_{k=1} \frac{\beta_{k2} s^2 + \beta_{k1} s + \beta_{k0}}{\alpha_{k2} s^2 + \alpha_{k1} s + \alpha_{k0}}
\tag{13.1}
$$

13.3.1 1 次のローパスフィルタの伝達関数

1 次のローパスフィルタの伝達関数は，利得が $-3\,\mathrm{dB}$ になる**遮断角周波数** ω_c を用いて，

$$H(s) = \cfrac{1}{1 + \cfrac{s}{\omega_c}} \tag{13.2}$$

で表される。したがって，利得は

$$\left. \begin{aligned} |H(\omega)| &= \cfrac{1}{\sqrt{1 + \left(\cfrac{\omega}{\omega_c}\right)^2}} \\ |H(\omega)| &\approx 1 \quad \omega \ll \omega_c \\ |H(\omega)| &\approx \cfrac{\omega_c}{\omega} \quad \omega \gg \omega_c \end{aligned} \right\} \tag{13.3}$$

となり，$-20\,\mathrm{dB/dec}$ の高域減衰特性が得られる。

13.3.2 2次のローパスフィルタの伝達関数

2次のローパスフィルタの伝達関数は，

$$H(s) = \cfrac{\omega_c^2}{s^2 + \cfrac{\omega_c}{Q}s + \omega_c^2} \tag{13.4}$$

あるいは，

$$H(s) = \cfrac{1}{1 + \cfrac{1}{Q}\cfrac{s}{\omega_c} + \left(\cfrac{s}{\omega_c}\right)^2} \tag{13.5}$$

で表される。式 (13.4) もしくは式 (13.5) より，そのポールを $p, \overline{p}$ とすると，

$$p, \overline{p} = \omega_c \left\{ -\cfrac{1}{2Q} \pm j\sqrt{1 - \left(\cfrac{1}{2Q}\right)^2} \right\} \tag{13.6}$$

となる。したがって，その絶対値は ω_c となり，2つのポールは複素共役の関係にある。よって，図13.3のように，ポールは半径を $|\omega_c|$ とする円上にある。また，2つのポールを $p, \overline{p} = -\alpha \pm j\beta$ と表すと，式 (13.6) より，

$$\alpha = \cfrac{\omega_c}{2Q} \tag{13.7}$$

であるので，α を半径とする小円の直径は $\cfrac{\omega_c}{Q}$ となる。

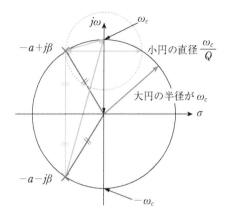

図13.3 2次の回路系のポールと ω_c, $\dfrac{\omega_c}{Q}$

　2次の回路系の周波数特性を図13.4に示す。遮断角周波数 ω_c よりも高い周波数帯域では $-40\,\mathrm{dB/dec}$ の減衰特性を示す。遮断角周波数近傍の周波数特性は Q の影響を強く受け，$Q > 1$ では周波数特性は強く持ち上がるようになる。

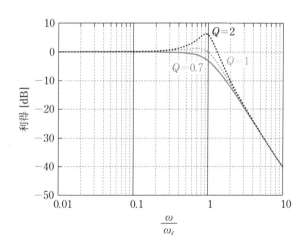

図13.4 2次の回路系の周波数特性

13.4 群遅延特性

図13.5　フィルタと入出力信号

　図13.5に示すように，フィルタを通過する信号は，波形崩れを引き起こさないことが求められる。信号にはさまざまな周波数の信号が含まれるので，波形崩れを引き起こさないためには，周波数によらずさまざまな周波数の信号が一定時間だけ等しく遅れる必要がある。

　単一周波数の信号は以下のように表される。

$$\cos\{\omega t + \phi(\omega)\} = \cos\left\{\omega\left(t + \frac{\phi(\omega)}{\omega}\right)\right\} = \cos\{\omega(t - \tau)\} \tag{13.8}$$

したがって，

$$\phi(\omega) = -\omega\tau \tag{13.9}$$

のように，位相が周波数に比例すれば，周波数によらず一定の時間遅れを生じるだけで波形崩れは生じない。そこで，フィルタでは

$$\tau_g \equiv -\frac{d\phi}{d\omega} \tag{13.10}$$

を**群遅延**と定義して，これを評価している。群遅延の変化が大きい場合は波形崩れが大きい。

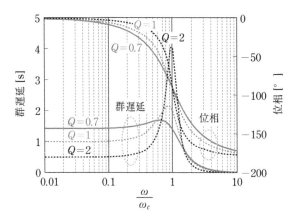

図13.6　2次の回路系の位相と群遅延特性

　Qをパラメータとしたときの2次の回路系の位相と群遅延特性を図13.6に示す。Qが1以下の場合は比較的に平坦な群遅延特性を示すが，Qが高くなると大きな周波数依存性を示すことがわかる。

13.5　バターワースフィルタとチェビシェフフィルタ

　図13.7に示すように，使用目的により，フィルタはさまざまな形式が開発されてきた。これらのフィルタは数学的にもよく研究され，特性が洗練されている。したがって，我々はこれらのフィルタ形式から使用目的に合致するものを選んで使用することになる。これらのフィルタの代表が**バターワースフィルタ**と**チェビシェフフィルタ**であるので，この2つを例にとってその特徴を説明する。

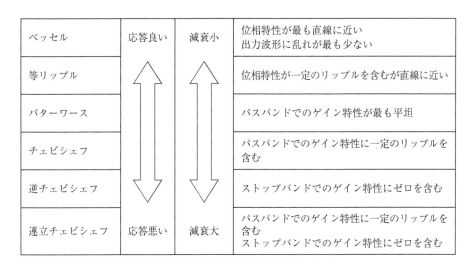

ベッセル	応答良い	減衰小	位相特性が最も直線に近い 出力波形に乱れが最も少ない
等リップル			位相特性が一定のリップルを含むが直線に近い
バターワース			パスバンドでのゲイン特性が最も平坦
チェビシェフ			パスバンドでのゲイン特性に一定のリップルを含む
逆チェビシェフ			ストップバンドでのゲイン特性にゼロを含む
連立チェビシェフ	応答悪い	減衰大	パスバンドでのゲイン特性に一定のリップルを含む ストップバンドでのゲイン特性にゼロを含む

図13.7　各種フィルタの特徴

　この2つのフィルタの特性を図13.8に示す。バターワースフィルタはパスバンドで平坦だが，ストップバンド特性が緩やかであり，チェビシェフフィルタはストップバンド特性が急峻だが，パスバンドで**リップル**を持つという特徴を有する。

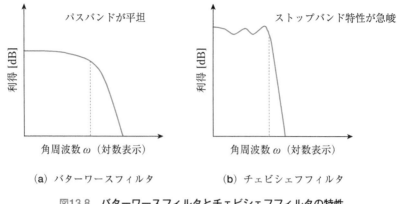

図13.8　**バターワースフィルタとチェビシェフフィルタの特性**

図13.9に示すように，各種フィルタの特徴は**ポール**の位置にある。バターワースフィルタは複素平面上の単位円を均等に分割した位置にポールがあるのに対し，チェビシェフフィルタのポールはバターワースフィルタのポールを実数軸上に一定比率で縮小した楕円上にある。

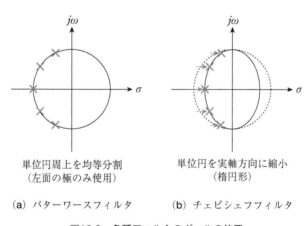

図13.9　**各種フィルタのポールの位置**

13.5.1　バターワースフィルタ

バターワースフィルタのポールは単位円上に均等分割される。そのポールの位置 p_k

は,

$$p_k = \exp\left\{ j\frac{\pi}{2}\left(1 + \frac{2k-1}{N} \right) \right\} \tag{13.11}$$

で与えられる。ここで, N はフィルタ次数である。

伝達関数 $H_N(s)$ は

$$H_N(s) = \frac{1}{A\displaystyle\prod_{k=1}^{M}(s^2 + B_k s + 1)} \tag{13.12a}$$

となる。ただし,

$$A = \left\{ \begin{array}{ll} 1, & N = 2M : 偶数時 \\ s+1, & N = 2M+1 : 奇数時 \end{array} \right\} \\ B_k = 2\sin\left(\frac{\pi}{2} \cdot \frac{2k-1}{N} \right), \quad k = 1, 2, ..., M \tag{13.12b}$$

である。

$N = 2, 3, 4$ のときのバターワースフィルタのポールの位置を図13.10に示す。(a) $N = 2$ でポールは単位円の左半面に共役複素数として90°間隔で配置される。(b) $N = 3$ ではポールの1つは単位円の左半面の実数軸上に配置され, 残りの2つのポールは単位円上に共役複素数として配置される。よって, 3つのポールは60°間隔で配置される。(c) $N = 4$ ではポールは単位円の左半面に2対の共役複素数として45°間隔で配置される。

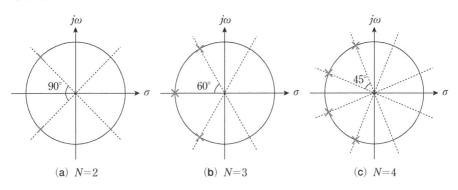

(a) $N=2$ 　　　　(b) $N=3$ 　　　　(c) $N=4$

図13.10　バターワースフィルタのポールの位置

したがって, 伝達関数は

$$H_2(s) = \frac{1}{s^2 + \sqrt{2}\,s + 1} \tag{13.13a}$$

$$H_3(s) = \frac{1}{(s+1)(s^2+s+1)} \tag{13.13b}$$

$$H_4(s) = \frac{1}{\left\{s^2 + 2\left(\cos\dfrac{3}{8}\pi\right)\cdot s + 1\right\}\left\{s^2 + 2\left(\cos\dfrac{1}{8}\pi\right)\cdot s + 1\right\}}$$

$$= \frac{1}{(s^2 + \sqrt{2-\sqrt{2}}\,s + 1)(s^2 + \sqrt{2+\sqrt{2}}\,s + 1)} \tag{13.13c}$$

のようになる。

　最大許容パスバンド透過率 A_p，ストップバンド減衰率 A_s，遮断角周波数 ω_c，パスバンドエッジ ω_p，ストップバンドエッジ ω_s を用いて，フィルタ特性を表すと，

$$|H(\omega)|^2 = \frac{1}{1 + \left(\dfrac{\omega}{\omega_c}\right)^{2N}} \tag{13.14a}$$

$$A_p\,[\mathrm{dB}] = 10\log\left[1 + \left(\frac{\omega_p}{\omega_c}\right)^{2N}\right] \tag{13.14b}$$

$$A_s\,[\mathrm{dB}] = 10\log\left[1 + \left(\frac{\omega_s}{\omega_c}\right)^{2N}\right] \tag{13.14c}$$

$$\left(\frac{\omega_p}{\omega_c}\right)^{2N} = 10^{A_p/10} - 1 \tag{13.14d}$$

$$\left(\frac{\omega_s}{\omega_c}\right)^{2N} = 10^{A_s/10} - 1 \tag{13.14e}$$

となる。したがって，必要なフィルタ次数は，

$$N = \frac{\log\left\{\sqrt{\dfrac{10^{A_s/10}-1}{10^{A_p/10}-1}}\right\}}{\log\left(\dfrac{\omega_s}{\omega_p}\right)} \tag{13.15}$$

より算出できる。ところで，パスバンドエッジ ω_p は任意にとることも可能である。しかし通常は，ω_c と一致させたほうが便利でわかりやすい。今後は $\omega_p = \omega_c$ とする。$\omega_c = 1$ のときのバターワースフィルタの特性を図 **13.11** に示す。

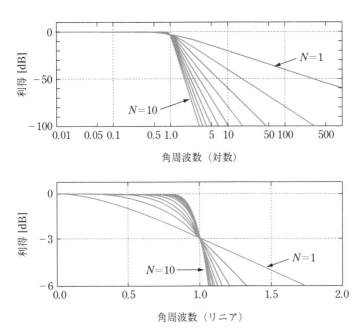

図13.11　$\omega_c = 1$のときのバターワースフィルタの特性

　また，1次，2次，3次のバターワースフィルタの周波数特性を図**13.12**に示す。遮断角周波数は変わらないが**信号減衰**は異なる。遮断角周波数よりも高い周波数では1次のローパスフィルタでは $-20\,\mathrm{dB/dec}$ の減衰に対して，2次では $-40\,\mathrm{dB/dec}$，3次では $-60\,\mathrm{dB/dec}$ と次数が上がるにしたがって急峻な傾きになり，高域の信号成分がより効果的に減衰することがわかる。

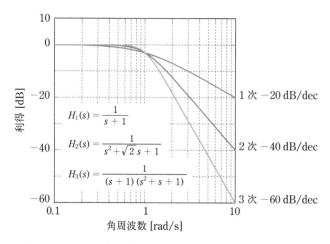

図13.12　1次，2次，3次のバターワースフィルタの周波数特性

13.5.2　チェビシェフフィルタ

チェビシェフフィルタでは，ポールが楕円上に配置される。その位置 p_k は，

$$
\left.
\begin{aligned}
p_k &= \sigma_k + j\omega_k \\
\sigma_k &= -\sinh\left[\frac{1}{N}\sinh^{-1}\left(\frac{1}{\varepsilon}\right)\right]\sin\left[\frac{\pi}{2N}(2k-1)\right] \\
\omega_k &= \cosh\left[\frac{1}{N}\sinh^{-1}\left(\frac{1}{\varepsilon}\right)\right]\cos\left[\frac{\pi}{2N}(2k-1)\right] \\
k &= 1,\ 2,\ 3,\ ....,\ N
\end{aligned}
\right\}
\tag{13.16}
$$

で表される。ここで，ε は

$$
\varepsilon = \sqrt{10^{A_p/10}-1} \tag{13.17}
$$

で表され，パスバンドにおけるリップルに対応している。

また，遮断角周波数 ω_c はパスバンドエッジ ω_p を用いて，

$$
\omega_c = \omega_p\cosh\left[\frac{1}{N}\cosh^{-1}\left(\frac{1}{\varepsilon}\right)\right] \tag{13.18}
$$

となる。

伝達関数 $H_N(s)$ は，

$$
H_N(s) = \frac{D\cdot\displaystyle\prod_{k=1}^{M}C_k}{A\displaystyle\prod_{k=1}^{M}(s^2+B_k s+C_k)} \tag{13.19}
$$

で表される。ただし，

$$
\left.\begin{array}{l}
\gamma = \dfrac{1}{N}\sinh^{-1}\left(\dfrac{1}{\varepsilon}\right),\quad \theta = \dfrac{\pi}{2}\cdot\dfrac{N-2k+1}{N},\quad k = 1,\,2,\,...,\,M \\[2mm]
A = \begin{cases} 1, & N = 2M : \text{偶数時} \\ s + \sinh\gamma, & N = 2M + 1 : \text{奇数時} \end{cases} \\[4mm]
B_k = 2\sinh\gamma\cos\theta \\[2mm]
C_k = (\sinh\gamma\cos\theta)^2 + (\cosh\gamma\sin\theta)^2 \\[2mm]
D = \begin{cases} 1, & N = 2M : \text{偶数時} \\ \sinh\gamma, & N = 2M + 1 : \text{奇数時} \end{cases}
\end{array}\right\}
\tag{13.20}
$$

である。

　最大許容パスバンド透過率 A_p，ストップバンド減衰率 A_s，パスバンドエッジ ω_p，ストップバンドエッジ ω_s を用いて，フィルタ特性を表すと，

$$
\left.\begin{array}{l}
|H(\omega)|^2 = \dfrac{1}{1 + \varepsilon^2\,C_N^{\,2}\left(\dfrac{\omega}{\omega_p}\right)} \\[4mm]
C_N\left(\dfrac{\omega}{\omega_p}\right) = \begin{cases} \cos\left[N\cos^{-1}\left(\dfrac{\omega}{\omega_p}\right)\right], & |\omega| \leq \omega_p \\[3mm] \cos\left[N\cosh^{-1}\left(\dfrac{\omega}{\omega_p}\right)\right], & |\omega| > \omega_p \end{cases} \\[6mm]
A_p\,[\mathrm{dB}] = 10\log\left[1 + \varepsilon^2\,C_N^{\,2}\left(\dfrac{\omega_p}{\omega_c}\right)\right] \\[3mm]
A_s\,[\mathrm{dB}] = 10\log\left[1 + \varepsilon^2\,C_N^{\,2}\left(\dfrac{\omega_s}{\omega_p}\right)\right]
\end{array}\right\}
\tag{13.21}
$$

となる。したがって，必要なフィルタ次数は，

$$
N = \frac{\cosh^{-1}\left\{\sqrt{\dfrac{10^{A_s/10} - 1}{10^{A_p/10} - 1}}\right\}}{\cosh^{-1}\left(\dfrac{\omega_s}{\omega_p}\right)}
\tag{13.22}
$$

より算出できる。$\omega_c = 1$ のときのチェビシェフフィルタの特性を図 13.13 に示す。チェビシェフフィルタはパスバンドにリップルを持ち，バターワースフィルタよりも急峻な減衰特性を示す。

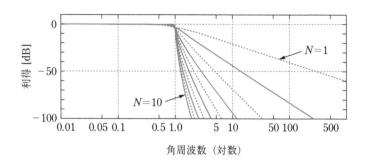

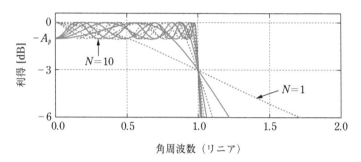

図13.13 $\omega_c=1$のときのチェビシェフフィルタの特性

例13.1

バターワースフィルタにおいて，最大許容パスバンド透過率A_pを3 dB，ストップバンドエッジω_sはパスバンドエッジω_pの8倍，ストップバンド減衰率A_sを100 dBとしたときに必要なフィルタ次数を求める。式(13.15)より

$$N = \cfrac{\log\left\{\sqrt{\cfrac{10^{A_s/10}-1}{10^{A_p/10}-1}}\right\}}{\log\left(\cfrac{\omega_s}{\omega_p}\right)} = \cfrac{\log\left\{\sqrt{\cfrac{10^{100/10}-1}{10^{3/10}-1}}\right\}}{\log(8)} \approx \cfrac{\log\left\{\sqrt{\cfrac{10^{10}}{0.995}}\right\}}{0.903} \approx 1.1 \times 5 = 5.5$$

したがって，6次である。

例13.2

4 次のバターワースフィルタを仮定して，以下を求める。

1) 単位円を示すチャート上のポール (p_1, p_2, p_3, p_4) の位置を求める。N 次のバターワースフィルタのポールは式 (13.11) より

$$p_k = \exp\left\{ j\frac{\pi}{2}\left(1 + \frac{2k-1}{N} \right) \right\}$$

で与えられるので，ポールは

$$p_1 = e^{j\frac{5}{8}\pi}, \quad p_2 = e^{j\frac{7}{8}\pi}, \quad p_3 = e^{j\frac{9}{8}\pi}, \quad p_4 = e^{j\frac{11}{8}\pi}$$

となる。したがって

$$p_1 = \cos\frac{5}{8}\pi + j\sin\frac{5}{8}\pi = -0.38 + j0.92$$

$$p_2 = \cos\frac{7}{8}\pi + j\sin\frac{7}{8}\pi = -0.92 + j0.38$$

$$p_3 = \cos\frac{9}{8}\pi + j\sin\frac{9}{8}\pi = -0.92 - j0.38$$

$$p_4 = \cos\frac{11}{8}\pi + j\sin\frac{11}{8}\pi = -0.38 - j0.92$$

となり，これを図13.14に示す。

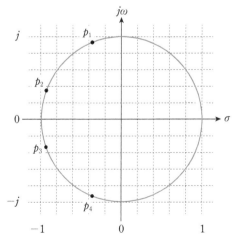

図13.14　4次のバターワースフィルタのポールの位置

2) 複素共役関係にあるポールの対を示す。ポール p_1 と p_4 が対，ポール p_2 と p_3 が対である。

3) 伝達関数 $H(s)$ を分母が2次の伝達関数の積で示す。

$$
\begin{aligned}
H(s) &= \frac{1}{(s - p_1)(s - p_4)} \frac{1}{(s - p_2)(s - p_3)} \\
&= \frac{1}{s^2 + 0.766s + 1} \frac{1}{s^2 + 1.848s + 1}
\end{aligned}
$$

4) それぞれの2次の伝達関数の Q を求める。伝達関数

$$
H(s) = K \frac{\omega_c^2}{s^2 + \dfrac{\omega_c}{Q}s + \omega_c^2}
$$

において，ω_c は1であるので，この式に当てはめると，Q はそれぞれ1.31，0.54である。

13.6　周波数変換

　ローパスフィルタ（LPF）から異なる周波数特性のフィルタへの変換は，以下の置き換えを行うことで実現できる。ここで，ω_c は遮断角周波数，ω_0 はバンドパスフィルタ（BPF）およびバンドリジェクトフィルタ（BRF）の中心角周波数，ω_b はバンドパスフィルタではパスバンド幅，バンドリジェクトフィルタではストップバンド幅である。

$$
\mathrm{LPF} \rightarrow \mathrm{LPF} : s \rightarrow \frac{s}{\omega_c} \tag{13.23}
$$

$$
\mathrm{LPF} \rightarrow \mathrm{HPF} : s \rightarrow \frac{\omega_c}{s} \tag{13.24}
$$

$$
\mathrm{LPF} \rightarrow \mathrm{BPF} : s \rightarrow \frac{\omega_0}{\omega_b}\left(\frac{s}{\omega_0} + \frac{\omega_0}{s}\right) \tag{13.25}
$$

$$
\mathrm{LPF} \rightarrow \mathrm{BRF} : s \rightarrow \frac{\omega_b}{\omega_0} \frac{1}{\dfrac{s}{\omega_0} + \dfrac{\omega_0}{s}} \tag{13.26}
$$

次に1次と2次のローパスフィルタを用いて，これらの関係を検証する。

(1) LPF → LPF の周波数変換

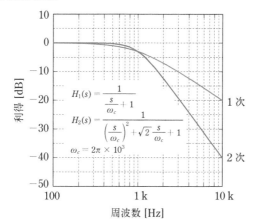

図13.15　$f_c = 1\,\text{kHz}$のときのローパスフィルタの特性

　式 (13.23) を用いた $f_c = 1\,\text{kHz}$ のときのローパスフィルタの利得を図**13.15**に示す。図 13.12 に示した，$\omega_c = 1\,\text{rad/s}$ つまり $f_c = \dfrac{1}{2\pi}\,\text{Hz}$ の遮断周波数が $f_c = 1\,\text{kHz}$ にシフトしていることがわかる。

(2) LPF → HPF の周波数変換

　式 (13.24) を用いた $f_c = 1\,\text{kHz}$ のときのハイパスフィルタの利得を図**13.16**に示す。低域で利得が低く，高域で利得が 1（0 dB）で一定になるハイパスフィルタに変換されている。

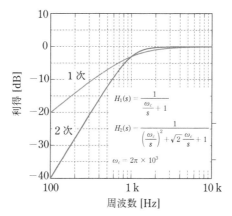

図13.16　$f_c = 1\,\text{kHz}$のときのハイパスフィルタの特性

(3) LPF → BPF の周波数変換

式 (13.25) を用いた $f_0 = 100\,\text{kHz}$, $f_b = 5\,\text{kHz}$ のときのバンドパスフィルタの利得を図13.17に示す。バンドパスフィルタの中心周波数 f_0 が 100 kHz にシフトし、パスバンド幅 f_b が 5 kHz のバンドパスフィルタに変換されている。

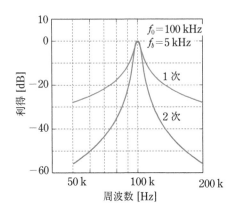

図13.17　$f_0 = 100\,\text{kHz}$, $f_b = 5\,\text{kHz}$のときのバンドパスフィルタの特性

(4) LPF → BRF の周波数変換

式 (13.26) を用いた $f_0 = 100\,\text{kHz}$, $f_b = 20\,\text{kHz}$ のときのバンドリジェクトフィルタの利得を図13.18に示す。中心周波数である 100 kHz 近傍の周波数が深く減衰しており、バンドリジェクトフィルタに変換されている。

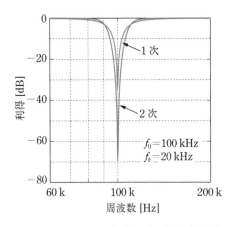

図13.18　$f_0 = 100\,\text{kHz}$, $f_b = 20\,\text{kHz}$のときのバンドリジェクトフィルタの特性

バンドパスフィルタとバンドリジェクトフィルタの周波数特性を図**13.19**に示す。

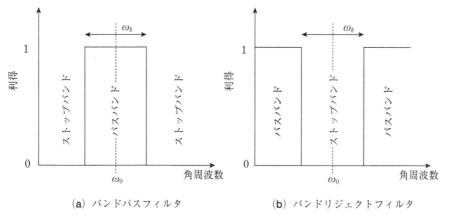

(**a**) バンドパスフィルタ　　　　　　(**b**) バンドリジェクトフィルタ

図13.19　バンドパスフィルタとバンドリジェクトフィルタの周波数特性

ところで，式 (13.4) に示した 2 次のローパスフィルタにおいて $\omega_c = 1$ とおくと，伝達関数は

$$H(s) = \cfrac{1}{s^2 + \cfrac{s}{Q} + 1} \tag{13.27}$$

となる。これに式 (13.23) および式 (13.24) を代入すると，伝達関数は

$$\text{LPF} : H(s) = \cfrac{\omega_c{}^2}{s^2 + \cfrac{\omega_c}{Q}s + \omega_c{}^2} \tag{13.28}$$

$$\text{HPF} : H(s) = \cfrac{s^2}{s^2 + \cfrac{\omega_c}{Q}s + \omega_c{}^2} \tag{13.29}$$

となる。したがって分母項が同じで，分子項が定数の場合がローパスフィルタに，s^2 項のみの場合がハイパスフィルタになる。

　ちなみに，式 (13.28) に $s = 0$ を代入すると利得は 1 に，$s = \infty$ を代入すると利得 0 になることから，ローパスフィルタになっていることが確かめられる。また，式 (13.29) に $s = 0$ を代入すると利得が 0 に，$s = \infty$ を代入すると利得が 1 になることから，ハイパスフィルタになっていることが確かめられる。

　バンドパスフィルタやバンドリジェクトフィルタの場合は，2 次のローパスフィル

タを示す式 (13.27) に式 (13.25) および式 (13.26) を代入すると，4次式になり複雑になるので，式 (13.2) に示す1次のローパスフィルタの伝達関数を用いることにする。式 (13.2) に式 (13.25) および式 (13.26) を代入すると

$$\text{BPF}：H(s) = \frac{\omega_b s}{s^2 + \omega_b s + \omega_0^2} \tag{13.30}$$

$$\text{BRF}：H(s) = \frac{s^2 + \omega_0^2}{s^2 + \omega_b s + \omega_0^2} \tag{13.31}$$

となる。この場合も，分母項は同じで分子項が s 項のみの場合はバンドパスフィルタに，s^2 項と正の定数項を加算したものがバンドリジェクトフィルタになる。

　ちなみに式 (13.30) に $s = 0$，$s = \infty$ を代入すると利得は0，$s = j\omega_0$ を代入すると利得は1になることから，バンドパスフィルタになっていることが確かめられる。また，式 (13.31) に $s = 0$，$s = \infty$ を代入すると利得は1，$s = j\omega_0$ を代入すると利得は0になることから，バンドリジェクトフィルタになっていることが確かめられる。

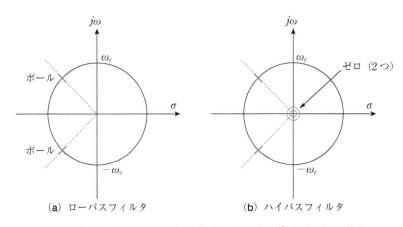

(a) ローパスフィルタ　　　　(b) ハイパスフィルタ

図13.20　ローパスフィルタとハイパスフィルタのポールとゼロの位置

　2次のローパスフィルタとハイパスフィルタのポールとゼロの位置を図13.20に示す。各フィルタにおいて，ポールは，図 13.10(a) および式 (13.13a) に示した2次のバターワースフィルタのポールの位置にある。ただし，ローパスフィルタにはゼロがなく，ハイパスフィルタにはゼロが原点に2個ある。

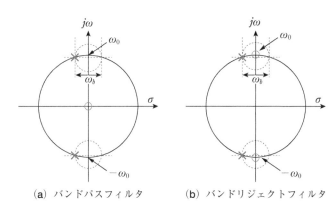

（a）バンドパスフィルタ　　　（b）バンドリジェクトフィルタ

図13.21　バンドパスフィルタとバンドリジェクトフィルタのポールとゼロの位置

図13.21 に示すように，2次のバンドパスフィルタとバンドリジェクトフィルタのポールの位置 p_1, p_2 は，式 (13.30) もしくは式 (13.31) の分母より

$$p_1, p_2 = -\frac{\omega_b}{2} \pm j\sqrt{\omega_0^2 - \left(\frac{\omega_b}{4}\right)^2} \tag{13.32}$$

となり，図13.3で述べたように，各ポールから虚軸への長さの2倍，つまり点線で示した小円の直径が ω_b になる。また，バンドパスフィルタにはゼロが原点に1個，バンドリジェクトフィルタにはゼロが $\pm j\omega_0$ の位置にそれぞれある。ゼロの位置する周波数では信号が伝達されないため，くぼみとなる鋭いノッチが現れる。

例13.3

バターワースフィルタにおける各種フィルタの伝達関数を求める。

1) 2次のローパスフィルタで $f_c = 1\,\mathrm{MHz}$ の伝達関数を求める。

$H(s) = \dfrac{1}{s^2 + \sqrt{2}\,s + 1}$ に対し，$s \to \dfrac{s}{\omega_c}$ の置き換えを行う。

$$H(s) = \frac{1}{\left(\dfrac{s}{\omega_c}\right)^2 + \sqrt{2}\,\dfrac{s}{\omega_c} + 1} = \frac{\omega_c^2}{s^2 + \sqrt{2}\,\omega_c s + \omega_c^2}$$

に $\omega_c = 2\pi f_c = 6.28 \times 10^6$ を代入すると，以下となる。

$$H(s) = \frac{3.94 \times 10^{13}}{s^2 + 8.88 \times 10^6 s + 3.94 \times 10^{13}}$$

2) 2次のハイパスフィルタで $f_c = 1\,\text{MHz}$ の伝達関数を求める。

$H(s) = \dfrac{1}{s^2 + \sqrt{2}\,s + 1}$ に対し，$s \to \dfrac{\omega_c}{s}$ の置き換えを行う。

$$H(s) = \frac{1}{\left(\dfrac{\omega_c}{s}\right)^2 + \sqrt{2}\,\dfrac{\omega_c}{s} + 1} = \frac{s^2}{s^2 + \sqrt{2}\,\omega_c s + \omega_c{}^2}$$

に $\omega_c = 2\pi f_c = 6.28 \times 10^6$ を代入すると，以下となる。

$$H(s) = \frac{s^2}{s^2 + 8.88 \times 10^6 s + 3.94 \times 10^{13}}$$

3) 1次のローパスフィルタの伝達関数から $f_0 = 1\,\text{MHz}$, $f_b = 100\,\text{kHz}$ のバンドパスフィルタの伝達関数を求める。

$H(s) = \dfrac{1}{s+1}$ に対し，$s \to \dfrac{\omega_0}{\omega_b}\left(\dfrac{s}{\omega_0} + \dfrac{\omega_0}{s}\right)$ の置き換えを行う。

$$H(s) = \frac{1}{\dfrac{\omega_0}{\omega_b}\left(\dfrac{s}{\omega_0} + \dfrac{\omega_0}{s}\right) + 1} = \frac{\omega_b s}{s^2 + \omega_b s + \omega_0{}^2}$$

に $\omega_b = 2\pi f_b = 6.28 \times 10^5$ および $\omega_0 = 2\pi f_0 = 6.28 \times 10^6$ を代入すると，以下となる。

$$H(s) = \frac{6.28 \times 10^5 s}{s^2 + 6.28 \times 10^5 s + 3.94 \times 10^{13}}$$

4) 1次のローパスフィルタの伝達関数から $f_0 = 1\,\text{MHz}$, $f_b = 100\,\text{kHz}$ のバンドリジェクトフィルタの伝達関数を求める。

$H(s) = \dfrac{1}{s+1}$ に対し，$s \to \dfrac{\omega_b}{\omega_0}\dfrac{1}{\dfrac{s}{\omega_0} + \dfrac{\omega_0}{s}}$ の置き換えを行う。

$$H\left(s\right) = \cfrac{1}{\cfrac{\omega_b}{\omega_0}\cfrac{1}{\cfrac{s}{\omega_0}+\cfrac{\omega_0}{s}}+1} = \frac{s^2 + \omega_0{}^2}{s^2 + \omega_b s + \omega_0{}^2}$$

に $\omega_b = 2\pi f_b = 6.28 \times 10^5$ および $\omega_0 = 2\pi f_0 = 6.28 \times 10^6$ を代入すると，以下となる。

$$H\left(s\right) = \frac{s^2 + 3.94 \times 10^{13}}{s^2 + 6.28 \times 10^5 s + 3.94 \times 10^{13}}$$

● 演習問題

13.1 バターワースフィルタにおいて，最大許容パスバンド透過率 A_p を 3 dB，ストップバンドエッジ ω_s をパスバンドエッジ ω_p の10倍，ストップバンド減衰率 A_s を 80 dB としたときに必要なフィルタ次数を求めよ。

13.2 5次のバターワースフィルタにおいて，以下の問いに答えよ。
(1)伝達関数を求めよ。
(2)ポールの位置を求めよ。

13.3 バターワースフィルタにおいて，以下の問いに答えよ。
(1) 3次のローパスフィルタで，$f_c = 100\,\text{MHz}$ のときの伝達関数を求めよ。
(2) 3次のハイパスフィルタで，$f_c = 100\,\text{MHz}$ のときの伝達関数を求めよ。

13.4 1次のローパスフィルタの伝達関数から，中心周波数 $f_0 = 20\,\text{MHz}$，パスバンド幅 $f_b = 1\,\text{MHz}$ のバンドパスフィルタの伝達関数と Q を求めよ。

13.5 1次のローパスフィルタの伝達関数から，中心周波数 $f_0 = 10\,\text{MHz}$，ストップバンド幅 $f_b = 1\,\text{MHz}$ のバンドリジェクトフィルタの伝達関数と Q を求めよ。

- パスバンドとストップバンド：フィルタの周波数特性は，信号が通過する周波数帯域であるパスバンドと，あまり通過しない周波数帯域であるストップバンドに分けられる。

- フィルタの種類：パスバンドとストップバンドの配置により，フィルタは以下に分類される。
  1) 低域がパスバンドのローパスフィルタ（LPF）
  2) 高域がパスバンドのハイパスフィルタ（HPF）
  3) ある周波数帯域がパスバンドのバンドパスフィルタ（BPF）
  4) ある周波数帯域がストップバンドのバンドリジェクトフィルタ（BRF）

- 基本はローパスフィルタ：これらのフィルタはローパスフィルタを基本として設計される。

- 群遅延：信号の位相が周波数に比例すれば波形崩れを生じない。そこで，フィルタでは $\tau_g = -\dfrac{d\phi}{d\omega}$ を群遅延と定義して特性を評価している。群遅延の変化が大きい場合は波形崩れが大きい。

- フィルタの伝達関数：フィルタの伝達関数は分子多項式と分母多項式で表され，1次式と2次式の積に分解できる。

- バターワースフィルタのポール：バターワースフィルタのポールは単位円上に均等分割され，その位置 p_k は N をフィルタ次数とするとき $p_k = \exp\left\{j\dfrac{\pi}{2}\left(1 + \dfrac{2k-1}{N}\right)\right\}$ で与えられる。

- 信号減衰：バターワースフィルタのストップバンドでの信号減衰は N をフィルタ次数とするとき $-20N\,\mathrm{dB/dec}$ になる。

- 異なる周波数特性のフィルタへの周波数変換：ローパスフィルタから異なる周波数特性のフィルタへの変換は，以下の置き換えを行うことで実現できる。ここで，

ω_c は遮断角周波数, ω_0 はバンドパスフィルタおよびバンドリジェクトフィルタの中心角周波数, ω_b はパスバンド幅もしくはストップバンド幅である。

$$\text{LPF} \to \text{LPF} : s \to \frac{s}{\omega_c}$$

$$\text{LPF} \to \text{HPF} : s \to \frac{\omega_c}{s}$$

$$\text{LPF} \to \text{BPF} : s \to \frac{\omega_0}{\omega_b}\left(\frac{s}{\omega_0} + \frac{\omega_0}{s}\right)$$

$$\text{LPF} \to \text{BRF} : s \to \frac{\omega_b}{\omega_0}\frac{1}{\dfrac{s}{\omega_0} + \dfrac{\omega_0}{s}}$$

・ローパスフィルタとハイパスフィルタの伝達関数：ローパスフィルタ（LPF）とハイパスフィルタ（HPF）の伝達関数は分母項が同一でポールも同一。ローパスフィルタは分子項が定数で，ハイパスフィルタは原点（周波数がゼロの点）にゼロを 2 個持つ。

・バンドパスフィルタとバンドリジェクトフィルタの伝達関数：バンドパスフィルタ（BPF）とバンドリジェクトフィルタ（BRF）の伝達関数は分母項が同一でポールも同一。バンドパスフィルタは原点に 1 個のゼロを持ち，バンドリジェクトフィルタは中心角周波数 ω_0 を示す $\pm j\omega_0$ 上にそれぞれゼロを持つ。各ポールから虚軸への長さの 2 倍が ω_b を表す。

第14章

フィルタ回路の合成

　フィルタ回路は，システムの仕様により，周波数特性やインピーダンスが異なり，それに合わせて合成する必要がある。さまざまな方法があるが，本章ではインダクタと容量という受動素子を用いた *LC* ラダーフィルタの合成と，積分器という能動回路を用いたフィルタ回路の合成について述べる。これまでは回路の解析が中心であったが，仕様に合わせた回路の合成方法について学んでほしい。回路が設計できるようになると楽しくなるであろう。

14.1 *LC* ラダーフィルタ

　図14.1に示すインダクタと容量が梯子状に接続されている *LC* ラダーフィルタを用いて，フィルタの基本であるローパスフィルタが合成できる。*LC* ラダーフィルタは入出力の終端形式により，図14.2に示す3つに分類される。

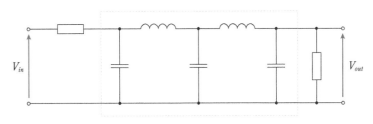

図14.1　*LC*ラダーフィルタ

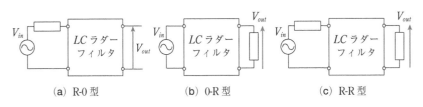

(a) R-0 型　　　　(b) 0-R 型　　　　(c) R-R 型

図14.2　*LC*ラダーフィルタの終端形式

図14.2(a) の R-0 型は入力端のみ終端したもの，図14.2(b) の0-R 型は出力端のみ終端したもの，図14.2(c) の R-R 型は入力端および出力端を終端したものである。一般的に，図14.2(c) に示す R-R 型（両側終端）では，他の方法より出力電圧が下がってしまうが素子の値の変化に対するフィルタ特性の変化である素子感度が最も低い。そのため，素子のばらつきに対して強く，よく用いられる。本章では，R-R 型を用いた LC ラダーフィルタの合成方法について述べる。

14.2 LC ラダーフィルタの合成方法

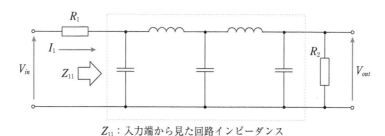

Z_{11}：入力端から見た回路インピーダンス

図14.3 両側終端LCラダーフィルタ

図14.3に示す両側終端 LC ラダーフィルタの合成方法を述べる。伝達関数を

$H(s) = \dfrac{V_{out}(s)}{V_{in}(s)}$ とすると，内部抵抗 R_1 を有する電圧源から供給される電力 P_1 は，

$$P_1 = R_{11} \mid I_1 \mid^2 = R_{11} \frac{\mid V_{in} \mid^2}{\mid R_1 + Z_{11} \mid^2} \tag{14.1}$$

となる。ここで，Z_{11} は入力端から見た回路インピーダンス，R_{11} はその実数部である。

インダクタと容量のみからなる回路であるリアクタンス回路では，この供給される電力 P_1 は，出力で消費される電力に等しいので，

$$R_{11} \frac{\mid V_{in} \mid^2}{\mid R_1 + Z_{11} \mid^2} = \frac{\mid V_{out} \mid^2}{R_2} \tag{14.2}$$

となる。したがって，伝達関数は

$$\mid H(s) \mid^2 = \left| \frac{V_{out}(s)}{V_{in}(s)} \right|^2 = \frac{R_{11} R_2}{\mid R_1 + Z_{11} \mid^2} \tag{14.3}$$

である。ここで，以下の**補助関数** $A(s)$ を導入する。

$$|A(s)|^2 = 1 - 4\frac{R_1}{R_2}|H(s)|^2 \tag{14.4}$$

式 (14.3) を式 (14.4) に代入すると，回路インピーダンス Z_{11} の実数部 R_{11} と虚数部 X_{11} を考慮して，

$$
\begin{aligned}
|A(s)|^2 &= 1 - \frac{4R_1 R_{11}}{|R_1 + R_{11} + jX_{11}|^2} = \frac{|R_1 + R_{11} + jX_{11}|^2 - 4R_1 R_{11}}{|R_1 + R_{11} + jX_{11}|^2} \\
&= \frac{|R_1 - R_{11} - jX_{11}|^2}{|R_1 + R_{11} + jX_{11}|^2} = \frac{|R_1 - Z_{11}|^2}{|R_1 + Z_{11}|^2}
\end{aligned} \tag{14.5}
$$

となる。したがって，

$$A(s) = \pm\frac{R_1 - Z_{11}}{R_1 + Z_{11}} \tag{14.6}$$

を用いて，回路インピーダンスは

$$Z_{11} = R_1 \frac{1 \pm A(s)}{1 \mp A(s)} \tag{14.7}$$

となる。

　つまり，伝達関数 $H(s)$ が与えられると，式 (14.4) を用いて補助関数 $A(s)$ に変換した後，式 (14.7) で与えられる回路インピーダンス Z_{11} を実現する回路を求めればよいということになる。例えば $R_1 = R_2$ における 3 次のバターワースフィルタの伝達関数は，パスバンドにおいて出力電圧が入力電圧の半分になることを考慮すると，式 (13.12a), (13.12b) より，

$$H(s) = \frac{1}{2}\frac{1}{s^3 + 2s^2 + 2s + 1} \tag{14.8}$$

であるので，式 (14.4) を用いて，s が $j\omega$ であることと，実数部と虚数部を考慮して絶対値を求めると，補助関数は

$$|A(s)|^2 = \frac{(s^3)^2}{|s^3 + 2s^2 + 2s + 1|^2} \tag{14.9}$$

となる。したがって，

$$A(s) = \frac{\pm s^3}{s^3 + 2s^2 + 2s + 1} \tag{14.10}$$

であり，式 (14.7) より，回路インピーダンスは

$$Z_{11} = R_1 \frac{1 \pm A(s)}{1 \mp A(s)} = R_1 \frac{2s^3 + 2s^2 + 2s + 1}{2s^2 + 2s + 1} \quad \text{または} \quad R_1 \frac{2s^2 + 2s + 1}{2s^3 + 2s^2 + 2s + 1} \tag{14.11}$$

となる。

　以上のようにして得られた回路インピーダンスから実際の回路を合成するには，分母の中にさらに分数が含まれている**連分数**を用いる。$R_1 = 1$ とすると，式 (14.11) より，

$$Z_{11} = \frac{2s^3 + 2s^2 + 2s + 1}{2s^2 + 2s + 1} = s + \frac{s + 1}{2s^2 + 2s + 1} = s + \cfrac{1}{2s + \cfrac{1}{s + 1}} \tag{14.12}$$

となる。したがって，インダクタンス $L_1 = 1\,\mathrm{H}$，容量 $C_1 = 2\,\mathrm{F}$，インダクタンス $L_2 = 1\,\mathrm{H}$ である。

　また式 (14.11) より，アドミッタンスは

$$Y_{11} = \frac{2s^3 + 2s^2 + 2s + 1}{2s^2 + 2s + 1} = s + \frac{s + 1}{2s^2 + 2s + 1} = s + \cfrac{1}{2s + \cfrac{1}{s + 1}} \tag{14.13}$$

となる。したがって，容量 $C_1 = 1\,\mathrm{F}$，インダクタンス $L_1 = 2\,\mathrm{H}$，容量 $C_2 = 1\,\mathrm{F}$ である。この様子を図 14.4 に示す。ここに示した容量値やインダクタンスは抵抗 R_1, R_2 が $1\,\Omega$，角周波数 ω_c が $1\,\mathrm{rad/s}$ の値であり，これから述べるように抵抗 R_1, R_2 や角周波数 ω_c を変えたときの値を求めていくので，それぞれ $R_1(0)$, $R_2(0)$, $L_1(0)$, $L_2(0)$, $C_1(0)$, $C_2(0)$ とする。

　バターワースフィルタやチェビシェフフィルタなどのよく用いられるフィルタにおいては，これら素子の値はあらかじめ求められている。詳しくは付録 A に記載する。

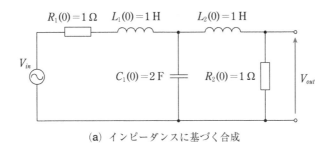

（a）インピーダンスに基づく合成

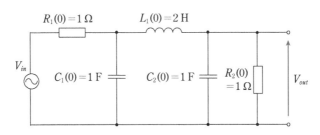

（b）アドミッタンスに基づく合成

図14.4　*LC*ラダーフィルタの合成例

14.3　インピーダンススケーリングと周波数変換および素子レベルの周波数変換

14.3.1　インピーダンススケーリングと周波数変換

　これまでの説明では，抵抗値を 1 Ω としたが，実際のフィルタの合成においては抵抗値に合わせた定数を決めることが必要である。抵抗が R 倍になるとそれに見合うように各素子のインピーダンスが R 倍にならないといけないので，抵抗を R としたときの各素子は，

$$\left.\begin{array}{l} R \to RR(0) \\ C \to \dfrac{C(0)}{R} \\ L \to RL(0) \end{array}\right\} \tag{14.14}$$

とスケーリングされる。これを**インピーダンススケーリング**と呼ぶ。

　次に，ローパスフィルタにおいて周波数変換を行う。周波数変換は式 (13.23) を用いる。つまり

$$C \rightarrow \frac{C(0)}{\omega_c} \left.\vphantom{\begin{matrix}1\\1\end{matrix}}\right\}$$

$$L \rightarrow \frac{L(0)}{\omega_c} \left.\vphantom{\begin{matrix}1\\1\end{matrix}}\right\} \tag{14.15}$$

となる。先のインピーダンススケーリングとあわせると，

$$R \rightarrow RR(0) \left.\vphantom{\begin{matrix}1\\1\\1\end{matrix}}\right\}$$

$$C \rightarrow \frac{C(0)}{R\omega_c} \left.\vphantom{\begin{matrix}1\\1\\1\end{matrix}}\right\}$$

$$L \rightarrow \frac{RL(0)}{\omega_c} \left.\vphantom{\begin{matrix}1\\1\\1\end{matrix}}\right\} \tag{14.16}$$

である。

14.3.2　素子レベルの周波数変換

単位遮断角周波数（1 rad/s）のローパスフィルタから異なる周波数特性のフィルタへの周波数変換は式 (13.24) から式 (13.26) に示した。この周波数変換を素子レベルで表現した回路を図 **14.5** に示す。ここで，ω_c は遮断角周波数，ω_0 は中心角周波数，ω_b はパスバンド幅もしくはストップバンド幅である。

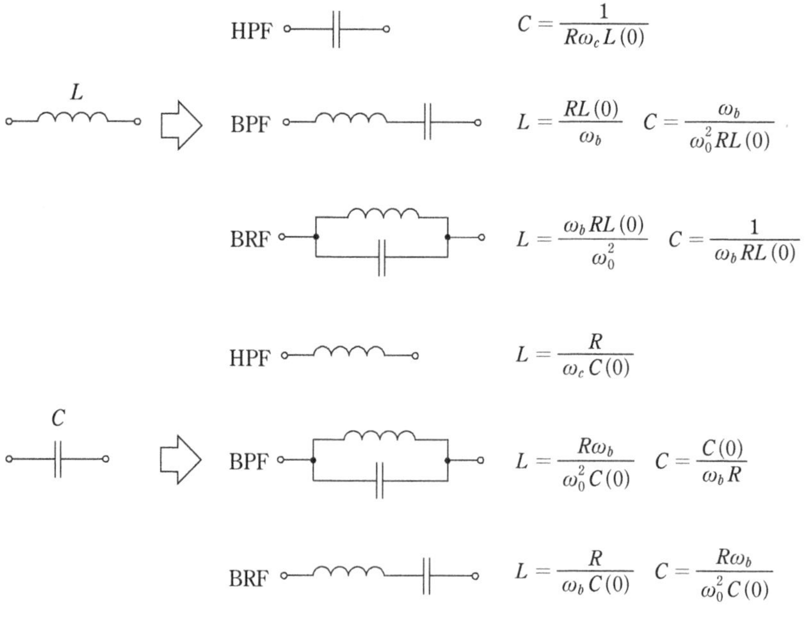

図14.5　素子レベルの周波数変換

例14.1

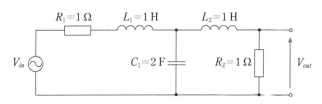

図14.6　3次のバターワースフィルタ

図14.6に示す3次のバターワースフィルタにおいて，抵抗を1 kΩ，遮断周波数 $f_c = 1\,\text{MHz}$ のローパスフィルタとなる素子の値を求める。式 (14.16) より，

$$R_1 = R_2 = R = 1\,\text{k}\Omega$$

$$C_1 = \frac{C(0)}{R\omega_c} = \frac{2}{10^3 \times 2\pi \times 10^6} = 320\,\text{pF}$$

$$L_1 = L_2 = \frac{RL(0)}{\omega_c} = \frac{10^3}{2\pi \times 10^6} = 160\,\mu\text{H}$$

となる。合成したローパスフィルタの周波数特性を図14.7に示す。

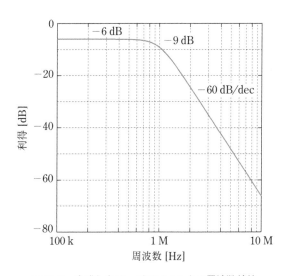

図14.7　合成したローパスフィルタの周波数特性

図14.7に示すローパスフィルタから中心周波数1 MHz，パスバンド幅20 kHz のバンドパスフィルタを合成する。図14.5に示した素子レベルでの周波数変換を用いると，図14.8に示すバンドパスフィルタが合成できる。それぞれの値は以下となる。

$$R_1 = R_2 = R = 1\,\text{k}\Omega$$

$$L_1 = L_3 = \frac{RL\,(0)}{\omega_b} = \frac{10^3}{2\pi \times 20 \times 10^3} = 8.0\,\text{mH}$$

$$C_1 = C_3 = \frac{1}{R}\frac{\omega_b}{\omega_0^2 L\,(0)} = \frac{2\pi \times 20 \times 10^3}{10^3 \times (2\pi \times 10^6)^2} = 3.2\,\text{pF}$$

$$L_2 = \frac{R\omega_b}{\omega_0^2 C\,(0)} = \frac{1000 \times 2\pi \times 20 \times 10^3}{2 \times (2\pi \times 10^6)^2} = 1.6\,\mu\text{H}$$

$$C_2 = \frac{C\,(0)}{R}\frac{1}{\omega_b} = \frac{2}{1000 \times 2\pi \times 20 \times 10^3} = 16\,\text{nF}$$

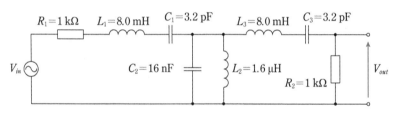

図14.8　バンドパスフィルタ

合成したバンドパスフィルタの周波数特性を図14.9に示す。中心周波数がずれているのは，素子の設定精度が不十分なためだが，調整により周波数ずれを許容値に収めることができる。

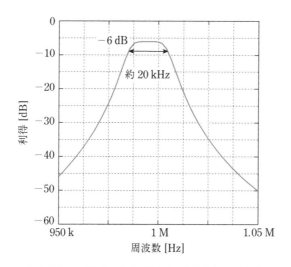

図14.9　合成したバンドパスフィルタの周波数特性

14.4　積分器を用いた能動フィルタ

　ここまでは R, L, C の受動素子を用いたフィルタ（LCラダーフィルタ）の合成方法について述べたが，積分器を用いると能動フィルタが容易に実現できる。本節では，バイカットフィルタと LC ラダーフィルタの**積分器**を用いた**能動フィルタ**の合成方法について述べる。

14.4.1　積分器

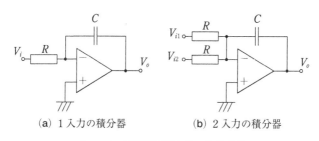

（a）1入力の積分器　　　　（b）2入力の積分器

図14.10　演算増幅器を用いた積分器

積分器は11.3.3項で述べたように，演算増幅器を用い，反転増幅回路において帰還抵抗を容量に置き換えることで実現できる。演算増幅器を用いた積分器を図14.10に示す。演算増幅器の利得が十分高く**仮想接地**が成り立っていると仮定すると，抵抗 R を流れる電流は容量 C を流れることから，初期値を0とすると，図14.10(a) の1入力の積分器の伝達関数 $H(s)$ は

$$
\left.
\begin{aligned}
H(s) &= \frac{V_o(s)}{V_i(s)} = -\frac{1}{sRC} = -\frac{\omega_c}{s} \\
\omega_c &= \frac{1}{RC}
\end{aligned}
\right\}
\tag{14.17}
$$

である。また，図14.10(b) の2入力の積分器の場合は

$$
V_o(s) = -\frac{1}{sRC}(V_{i1} + V_{i2}) = -\frac{\omega_c}{s}(V_{i1} + V_{i2}) = H(s)(V_{i1} + V_{i2})
\tag{14.18}
$$

が成り立つ。

実際の回路では図14.11に示す，完全差動型演算増幅器が用いられることが多い。正転出力と反転出力が同時に得られるため，回路の簡素化を図ることができる。

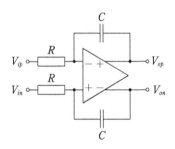

図14.11　完全差動型演算増幅器

伝達関数は，V_{id} を差動入力電圧，V_{od} を差動出力電圧とすると，

$$
\left.
\begin{aligned}
H(s) &= \frac{V_{od}(s)}{V_{id}(s)} = \frac{V_{op} - V_{on}}{V_{ip} - V_{in}} = -\frac{1}{sRC} = -\frac{\omega_c}{s} \\
\omega_c &= \frac{1}{RC}
\end{aligned}
\right\}
\tag{14.19}
$$

で表される。

14.4.2　バイカットフィルタ

13章において，高次フィルタが1次および2次のフィルタの縦続接続で実現できることを述べた。この考えを用いたフィルタが**バイカットフィルタ**である。バイカットフィルタの伝達関数は，一般的に以下のように表される。

$$H(s) = \frac{N(s)}{s^2 + \dfrac{\omega_c}{Q}s + \omega_c^2} \tag{14.20}$$

ここで，$N(s)$ を以下のようにすることで，ローパスフィルタ（LPF），ハイパスフィルタ（HPF），バンドパスフィルタ（BPF），バンドリジェクトフィルタ（BRF）が実現できる。

$$\text{LPF} : N(s) = K\omega_c^2 \tag{14.21a}$$

$$\text{HPF} : N(s) = Ks^2 \tag{14.21b}$$

$$\text{BPF} : N(s) = K\frac{\omega_c}{Q}s \tag{14.21c}$$

$$\text{BRF} : N(s) = K\left(s^2 + \omega_c^2\right) \tag{14.21d}$$

これらのフィルタを実現する汎用的なブロック線図は，積分器を用いて図14.12のように表される。

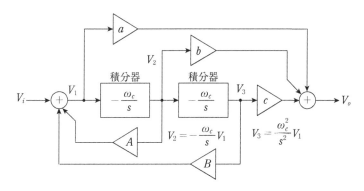

図14.12　汎用バイカットフィルタのブロック線図

図14.12において，以下が成り立つ。

$$
\left.\begin{array}{l}
V_1 = V_i + AV_2 + BV_3 \\[4pt]
V_2 = -\dfrac{\omega_c}{s}V_1 \\[8pt]
V_3 = -\dfrac{\omega_c}{s}V_2 = \dfrac{\omega_c{}^2}{s^2}V_1 \\[8pt]
V_o = aV_1 + bV_2 + cV_3
\end{array}\right\}
\tag{14.22}
$$

よって，伝達関数は

$$
H(s) = \frac{as^2 - b\omega_c s + c\omega_c{}^2}{s^2 + A\omega_c s - B\omega_c{}^2}
\tag{14.23}
$$

となる。したがって，分母は式 (14.20) より，

$$
s^2 + A\omega_c s - B\omega_c{}^2 = s^2 + \frac{\omega_c}{Q}s + \omega_c{}^2
\tag{14.24}
$$

となり，

$$
A = \frac{1}{Q}
\tag{14.25a}
$$

$$
B = -1
\tag{14.25b}
$$

と設定し，分子を

$$
\text{LPF} : a = 0, \quad b = 0, \quad c = K
\tag{14.26a}
$$

$$
\text{HPF} : a = K, \quad b = 0, \quad c = 0
\tag{14.26b}
$$

$$
\text{BPF} : a = 0, \quad b = -\frac{K}{Q}, \quad c = 0
\tag{14.26c}
$$

$$
\text{BRF} : a = K, \quad b = 0, \quad c = K
\tag{14.26d}
$$

に設定すれば，それぞれのフィルタを実現できる。

係数 a, b, c からなる回路は信号を後に送ることからフィードフォワードパスを形成し，式 (14.23) に示す伝達関数の分子項に関係し，ゼロを形成する。また，係数 A, B からなる回路は信号を前に帰還することからフィードバックパスを形成し，式 (14.23) に示す伝達関数の分母項に関係し，ポールを形成する。2次のバターワースフィルタを基本とした各フィルタ（LPF，HPF，BPF，BRF）のポール（×）とゼロ（○）の位置を図 **14.13** に示す。また，遮断周波数を 10 MHz にしたときの周波数特性を図 **14.14** に示す。

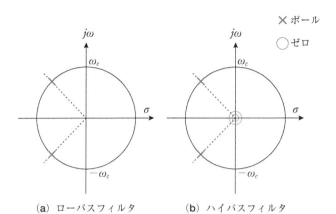

（a）ローパスフィルタ　　　　（b）ハイパスフィルタ

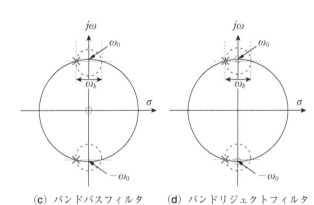

（c）バンドパスフィルタ　　（d）バンドリジェクトフィルタ

図14.13　それぞれのフィルタのポールとゼロの位置

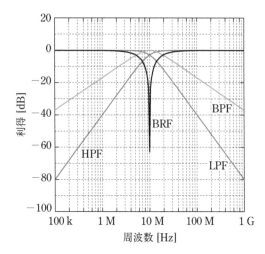

図14.14　それぞれのフィルタの周波数特性
（2次のバターワースフィルタの場合であり，遮断周波数は10 MHz）

図14.13に示すように，2次のバターワースフィルタの場合，LPFとHPFはポールが同一で，LPFはゼロがなく，HPFはゼロが原点（周波数がゼロ）に2個ある。BPFとBRFはポールが中心角周波数 ω_0 を半径とする円上にあり，ポールと虚軸との距離が ω_b の半分になる位置にある。BPFはゼロが原点に1個で，BRFは中心角周波数 $\pm\omega_0$ を示す虚軸上にゼロがそれぞれある。

また式 (14.23) からわかるように，ポールは帰還回路の係数 A, B で決定され，ゼロは出力信号の取り出し位置およびフィードフォワードパスの出力信号の結合係数 a, b, c で決定される。

例14.3

図14.12に示すバイカットフィルタを用いて，以下の各仕様の2次のバターワースフィルタを合成する。

1)　利得10 dB，遮断周波数1 MHzのローパスフィルタ
伝達関数は式 (13.13a) より

$$H_2(s) = \frac{1}{s^2 + \sqrt{2}\,s + 1}$$

となるので，$Q = \dfrac{1}{\sqrt{2}}$ が得られる。よって，式 (14.25a) および式 (14.25b) より，

$$A = \frac{1}{Q} = \sqrt{2}, \quad B = -1$$

となる。式 (14.26a) より $a = b = 0$，$c = K$ であり，K は利得であるので，利得 10 dB は 3.16，したがって $c = 3.16$。積分器の係数 ω_c は $\omega_c = 2\pi f_c = 6.28 \times 10^6$ rad/s

2)　利得 10 dB，遮断周波数 1 MHz のハイパスフィルタ

A, B, ω_c はローパスフィルタと同一である。式 (14.26b) より $b = c = 0$，$a = K$ となり，したがって $a = 3.16$。

3)　利得 0 dB，中心周波数 f_0 が 1 MHz，帯域 f_b が 2 kHz のバンドパスフィルタ

$\omega_c = 2\pi f_c = 6.28 \times 10^6$ rad/s

$$Q = \frac{\omega_0}{\omega_b} = \frac{f_0}{f_b} = \frac{1 \times 10^6}{200 \times 10^3} = 5$$

したがって，式 (14.25a) および式 (14.25b) より

$A = \dfrac{1}{Q} = 0.2$，$B = -1$ となる。また式 (14.26c) より，$a = c = 0$，$b = -\dfrac{K}{Q} = -0.2$。

4)　利得 0 dB，中心周波数 f_0 が 1 MHz，帯域 f_b が 2 kHz のバンドリジェクトフィルタ

$\omega_c = 2\pi f_c = 6.28 \times 10^6$ rad/s

Q, A, B は問 3) のバンドパスフィルタと同一である。したがって，式 (14.26d) より，$a = c = K = 1$，$b = 0$。

これらのフィルタの周波数特性を図 14.15 に示す。

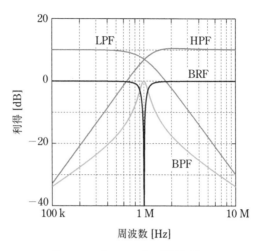

図14.15　各フィルタの周波数特性

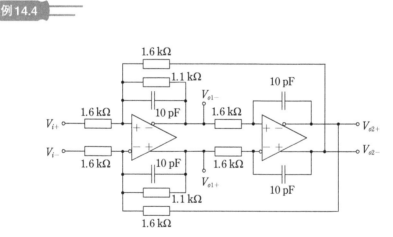

図14.16　演算増幅器を用いたバイカットフィルタ

　演算増幅器を用いた積分器によるバイカットフィルタを図14.16に示す。遮断角周波数 ω_c は，以下のように積分器の時定数 RC で決まる。

$$\omega_c = 2\pi f_c = \frac{1}{RC} \tag{14.27}$$

この回路例では，$f_c = 10\,\mathrm{MHz}$ であるので，容量を $C = 10\,\mathrm{pF}$ とすると，$R = 1.6\,\mathrm{k\Omega}$ となる。

初段の積分器の入出力間には $1/Q$ の負帰還がかかるので，帰還抵抗は積分器の抵抗の Q 倍になる。ここでは $Q = 0.7$ としたので，$R = 1.1\,\mathrm{k\Omega}$ となる。

図14.17に示すように，初段の積分器からの出力 V_{o1} はバンドパスフィルタ特性が得られ，出力 V_{o2} からはローパスフィルタ特性が得られる。

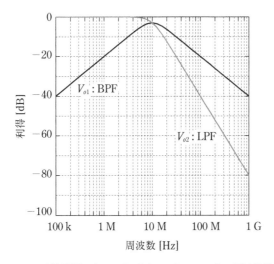

図14.17　演算増幅器を用いたバイカットフィルタの周波数特性

14.4.3　積分器を用いた能動ラダーフィルタ

能動ラダーフィルタは，14.1節で述べた LC ラダーフィルタを積分器を用いて実現したものである。ただし，トランジスタを用いる能動回路においてはインダクタを使用せずに，その機能を RC 積分回路で実現するという若干の工夫が必要である。ラダーフィルタの一例を図14.18に示す。

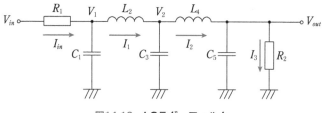

図14.18 *LC*ラダーフィルタ

図14.18においては，以下が成り立つ。

$$
\left.\begin{array}{llll}
I_{in} = \dfrac{V_{in} - V_1}{R_1}, & I_1 = \dfrac{V_1 - V_2}{sL_2}, & I_2 = \dfrac{V_1 - V_{out}}{sL_4}, & I_3 = \dfrac{V_{out}}{R_2} \\[3mm]
V_1 = \dfrac{I_{in} - I_1}{sC_1}, & V_2 = \dfrac{I_1 - I_2}{sC_3}, & V_{out} = \dfrac{I_2 - I_3}{sC_5}
\end{array}\right\}
\tag{14.28}
$$

この電圧・電流関係を表した**シグナルフローグラフ**を**図14.19**に示す。図において，右向きの矢印は加算を，左向きの矢印は減算を表す。

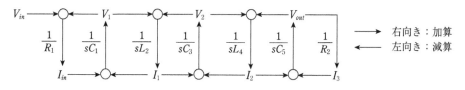

図14.19 *LC*ラダーフィルタのシグナルフローグラフ

次に，電流に抵抗を掛けることで，すべて電圧で表す。$R_1 = R_2 = R$とすると，式(14.28)は，

$$
\left.\begin{array}{llll}
RI_{in} = V_{in} - V_1, & RI_1 = \dfrac{V_1 - V_2}{s\dfrac{L_2}{R}}, & RI_2 = \dfrac{V_1 - V_{out}}{s\dfrac{L_4}{R}}, & RI_3 = V_{out} \\[5mm]
V_1 = \dfrac{R(I_{in} - I_1)}{sRC_1}, & V_2 = \dfrac{R(I_1 - I_2)}{sRC_3}, & V_{out} = \dfrac{R(I_2 - I_3)}{sRC_5}
\end{array}\right\}
\tag{14.29}
$$

となる。これらの関係を表すシグナルフローグラフを**図14.20**に示す。

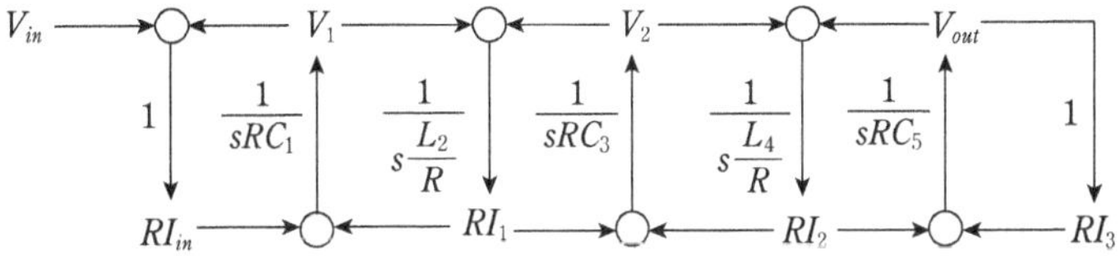

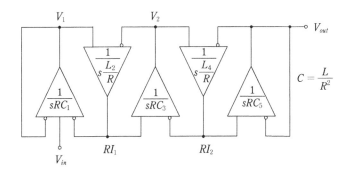

図14.20 すべて電圧で表した*LC*ラダーフィルタのシグナルフローグラフ

図14.21 積分器を用いた能動ラダーフィルタ

　積分器を用いて、このシグナルフローグラフを表したものが図14.21である。図において、積分器の入力の丸印は極性反転を表す。インダクタでは、流れる電流が印加される電圧の時間積分になる。また容量では、発生する電圧が流入する電流の時間積分となる。そこで、電流をいったん抵抗で電圧に変換し、これをインダクタの機能を模倣する積分器の出力電圧、および容量を模倣する積分器の入力電圧として用いることで、インダクタと容量の機能を実現している。インダクタを実現する積分器では、使用する容量値 C が以下となる。

$$C = \frac{L}{R^2} \tag{14.30}$$

　完全差動型演算増幅器を用いた能動ラダーフィルタを図14.22に示す。演算増幅器の入出力端の丸印は反転入力および反転出力を表す。

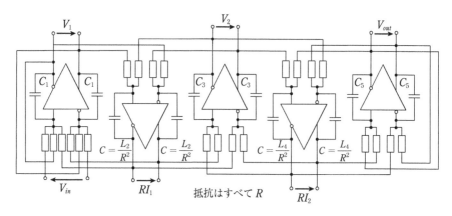

図14.22　完全差動型演算増幅器を用いた能動ラダーフィルタ

例14.5

　図14.6に示した LC ラダーフィルタを用いた3次のバターワースフィルタにおいて，抵抗を 10 kΩ，遮断周波数 1 MHz のローパスフィルタを積分器を用いて合成する。例14.1で求めた各値に対して抵抗とインダクタは10倍，容量は1/10にすればよい。この値を入れた LC ラダーフィルタを図**14.23**に示す。

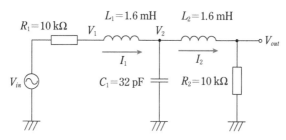

図14.23　LCラダーフィルタ
（抵抗 10 kΩ，遮断周波数 1 MHz）

図14.23において，以下の電圧・電流式が成り立つ。

$$I_1 = \frac{V_{in} - V_1}{R} = \frac{V_1 - V_2}{sL_1}$$

$$I_2 = \frac{V_2 - V_{out}}{sL_2} = \frac{V_{out}}{R} \tag{14.31}$$

$$V_2 = \frac{I_1 - I_2}{sC_1}$$

すべて電圧の関係に整理すると

$$RI_1 = V_{in} - V_1 = \frac{V_1 - V_2}{s\dfrac{L_1}{R}}$$

$$RI_2 = \frac{V_2 - V_{out}}{s\dfrac{L_2}{R}} = V_{out} \tag{14.32}$$

$$V_2 = \frac{R(I_1 - I_2)}{sRC_1}$$

となる。シグナルフローグラフを用いて，この電圧電流関係を整理したものが図14.24である。

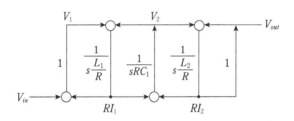

図14.24 シグナルフローグラフ

シグナルフローグラフを積分器に置き換えたものを図14.25に示す。ここで丸印は極性反転を表す。電圧 V_1 は演算増幅器の内部で生じるので省略している。完全差動型演算増幅器を用いたフィルタを図14.26に示す。左右の積分器がインダクタの働きを実現している。

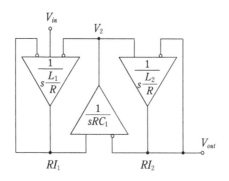

図14.25　積分器を用いた能動ラダーフィルタ

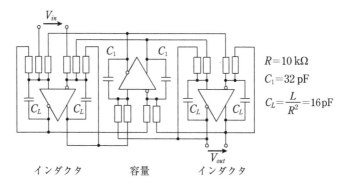

$R = 10\,\mathrm{k\Omega}$
$C_1 = 32\,\mathrm{pF}$
$C_L = \dfrac{L}{R^2} = 16\,\mathrm{pF}$

インダクタ　　容量　　インダクタ

図14.26　完全差動型演算増幅器を用いた能動ラダーフィルタ

● 演習問題

14.1 図問14.1に抵抗1 Ω，遮断角周波数1 rad/sの2次のバターワース型ローパスフィルタを示す。以下の問いに答えよ。

(1) 抵抗が50 Ω，遮断周波数10 MHzの2次のバターワース型ローパスフィルタの各値を求めよ。

(2) 図問14.1の2次のバターワース型ローパスフィルタをもとに，抵抗が50 Ω，遮断周波数10 MHzのハイパスフィルタを示し，各値を求めよ。

(3) 図問14.1の2次のバターワース型ローパスフィルタをもとに，抵抗が50 Ω，中心周波数10 MHz，パスバンド幅500 kHzのバンドパスフィルタを示し，各値を求めよ。

(4) 図問14.1の2次のバターワース型ローパスフィルタをもとに，抵抗が50 Ω，中心周波数10 MHz，ストップバンド幅500 kHzのバンドリジェクトフィルタを示し，各値を求めよ。

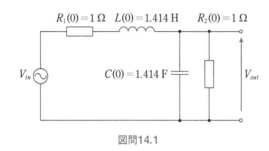

図問14.1

14.2 2次のバイカットフィルタにおいて，以下の問いに答えよ。

(1) 図問14.2(a)は，2次のバイカットフィルタの出力部にRC積分回路を付加したものである。この回路構成を用いて，遮断周波数1 MHzの3次のローパスフィルタの回路定数を求めよ。ただし，抵抗Rは1 kΩ，利得は1とする。

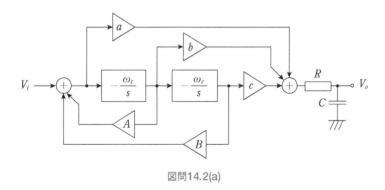

図問14.2(a)

(2) 図問14.2(b)は，2次のバイカットフィルタの出力部にRC微分回路を付加したものである。この回路構成を用いて，遮断周波数1 MHzの3次のハイパスフィルタの回路定数を求めよ。ただし，抵抗Rは1 kΩ，利得は1とする。

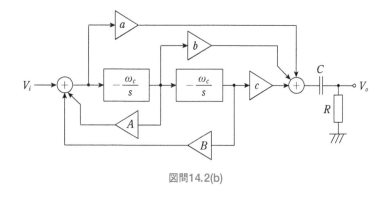

図問14.2(b)

14.3 3次のバターワース型ローパスフィルタを図問14.3(a)に示す。以下の問いに答えよ。

(1) 抵抗$R_1 = R_2 = 1\,\Omega$，遮断角周波数$\omega_c = 1\,\text{rad/s}$のときの各素子の値を求めよ。

(2) 抵抗$R_1 = R_2 = 1\,\text{k}\Omega$，遮断周波数$f_c = 10\,\text{MHz}$のときの各素子の値を求めよ。

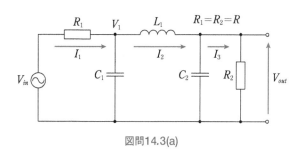

図問14.3(a)

(3) 図問14.3(b)に図問14.3(a)の回路のシグナルフローグラフを示す。カッコ内の伝達関数を求めよ。

(4) 得られたシグナルフローグラフをもとに積分器を用いてフィルタ回路を合成せよ。なお，係数は図問14.3(b)において求めた値を用いよ。

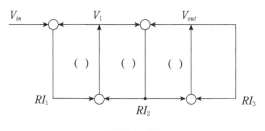

図問14.3(b)

14.4 図問14.4の3次のローパスフィルタにおいて，付録Aに示したバターワースフィルタおよびチェビシェフフィルタの定数表を参照し，以下の問いに答えよ。

(1) 抵抗$R_1 = R_2 = 50\ \Omega$，遮断周波数10 MHzのバターワース型ローパスフィルタのL_1, L_2, Cを求めよ。

(2) 抵抗$R_1 = R_2 = 50\ \Omega$，遮断周波数10 MHzのチェビシェフ型ローパスフィルタ（リップル1 dB）のL_1, L_2, Cを求めよ。

(3) 抵抗$R_1 = R_2 = 50\ \Omega$，遮断周波数10 MHzのチェビシェフ型ローパスフィルタ（リップル2 dB）のL_1, L_2, Cを求めよ。

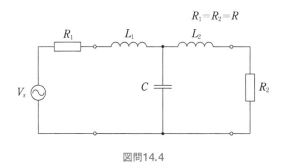

図問14.4

本章のまとめ

- *LC*ラダーフィルタ：インダクタと容量が梯子状に接続されている*LC*ラダーフィルタを用いて，フィルタの基本であるローパスフィルタが合成できる。

- *LC*ラダーフィルタの合成の基本：*LC*ラダーフィルタの合成においては，伝達関数$H(s)$から式 (14.4) の $|A(s)|^2 = 1 - 4\dfrac{R_1}{R_2}|H(s)|^2$ を用いて補助関数$A(s)$を求め，次に式 (14.7) の $Z_{11} = R_1\dfrac{1 \pm A(s)}{1 \mp A(s)}$ で与えられる回路インピーダンスZ_{11}を実現する回路を求めればよい。

- 連分数を用いたフィルタの合成：得られた回路インピーダンスから実際の回路を合成するには，連分数を用いる。またアドミッタンスから連分数を用いて回路を合成する方法もある。バターワースフィルタやチェビシェフフィルタなどのよく用いられるフィルタの素子の値はあらかじめ求められているので，これを使用するのが便利である。

- インピーダンススケーリング：インピーダンススケーリングでは，用いる抵抗の値をRとすると，容量Cは$1/R$倍に，インダクタンスLはR倍になる。

- 周波数変換：基本のローパスフィルタではω_cが$1\,\mathrm{rad/s}$なので，周波数変換では遮断角周波数をω_cとし，容量とインダクタンスの値は$1/\omega_c$になる。

- 素子レベルの周波数変換：素子レベルの周波数変換では，ローパスフィルタの各素子を以下のように置き換える。

HPF

$$C = \frac{1}{R\omega_c L(0)}$$

L ⟹ BPF

$$L = \frac{RL(0)}{\omega_b} \quad C = \frac{\omega_b}{\omega_0^{\,2} RL(0)}$$

BRF

$$L = \frac{\omega_b RL(0)}{\omega_0^{\,2}} \quad C = \frac{1}{\omega_b RL(0)}$$

HPF

$$L = \frac{R}{\omega_c C(0)}$$

C ⟹ BPF

$$L = \frac{R\omega_b}{\omega_0^{\,2} C(0)} \quad C = \frac{C(0)}{\omega_b R}$$

BRF

$$L = \frac{R}{\omega_c C(0)} \quad C = \frac{R\omega_b}{\omega_0^{\,2} C(0)}$$

- バイカットフィルタ：高次フィルタが 1 次および 2 次のフィルタの縦続接続で実現できることから，積分器を 2 個用いたフィルタがバイカットフィルタである。フィードバックパスがポールを形成し，フィードフォワードパスがゼロを形成する。これらのパスの係数を設定することで，LPF, HPF, BPF, BRF などの各種フィルタが実現できる。

- 積分器を用いた能動ラダーフィルタ：LC ラダーフィルタも積分器を用いて実現できる。ただし，トランジスタを用いる能動回路においてはインダクタを使用せずに，その機能を RC 積分回路で実現する。インダクタでは，流れる電流が印加される電圧の時間積分になる。また容量では，発生する電圧が流入する電流の時間積分となる。そこで，電流をいったん抵抗で電圧に変換し，これをインダクタの機能を模倣する積分器の出力電圧，および容量を模倣する積分器の入力電圧として用いることで，インダクタと容量の機能を実現している。

第15章
三相交流

　大電力の交流では三相交流が用いられる。送電線の損失が少なく，また回転磁界を容易に作れるので大型電動機の駆動に便利なためである。三相交流においては，Y形回路と△形回路の関係の理解が必要で，相互変換とベクトルの把握が重要になる。

15.1　回転磁界と二相交流

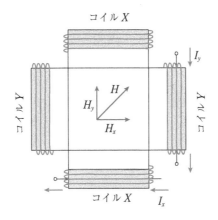

図15.1　二相回転磁界

　三相交流を述べる前に**二相交流**について述べる。図15.1に示すように，コイル X, Y を直角に配置し，交流電流 I_x と I_y で駆動する。I_x と I_y は I_m を電流の振幅として以下のように表される。

$$\left.\begin{array}{l} I_x = I_m \sin \omega t \\ I_y = I_m \sin\left(\omega t + \dfrac{\pi}{2}\right) = I_m \cos \omega t \end{array}\right\} \tag{15.1}$$

この電流により生じる磁界は電流に比例すると考えてよいので，H_m を磁界の振幅として以下のように表される。

$$H_x = H_m \sin \omega t \left.\begin{array}{l}\\\\\end{array}\right\} \tag{15.2}$$
$$H_y = H_m \cos \omega t$$

H_x と H_y は直交しているので，合成磁界 H はベクトルで考えて次のように表現できる。

$$H = H_x + jH_y = H_m (\sin \omega t + j\cos \omega t) = H_m \left\{ \cos \left(\omega t - \frac{\pi}{2} \right) - j\sin \left(\omega t - \frac{\pi}{2} \right) \right\}$$
$$= H_m e^{-j\left(\omega t - \frac{\pi}{2} \right)} \tag{15.3}$$

したがって，**合成磁界**は振幅 H_m が一定で，時計回りに回転するベクトルとなる。この回転軸上に永久磁石を置けば，ローレンツ力が発生し一定トルクの**同期電動機**となり，逆に磁石を外力で回転すれば，ファラデーの電磁誘導の法則より起電力が発生し，二相交流が得られる。

 ## 15.2　三相交流

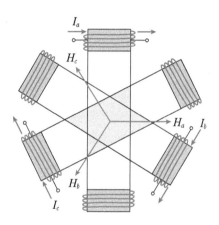

図15.2　三相回転磁界

図15.2に示すように3個のコイルを $120°$ の角度で並べ，電流の位相を $120°$ ずつずらすと，電流は

$$I_a = I_m \sin \omega t$$
$$I_b = I_m \sin \left(\omega t - \frac{2}{3}\pi \right) \tag{15.4}$$
$$I_c = I_m \sin \left(\omega t + \frac{2}{3}\pi \right)$$

となる。よって磁界も，

$$
\left.
\begin{aligned}
H_a &= H_m \sin \omega t \\
H_b &= H_m \sin \left(\omega t - \frac{2}{3}\pi \right) \\
H_c &= H_m \sin \left(\omega t + \frac{2}{3}\pi \right)
\end{aligned}
\right\}
\tag{15.5}
$$

と表される。次に，図**15.3**をもとに，3つの磁界の x 成分と y 成分を求める。

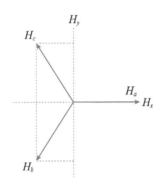

図15.3　**三相交流ベクトル**

$\sin \left(\pm \dfrac{2}{3}\pi \right) = \pm \dfrac{\sqrt{3}}{2}$, $\cos \left(\pm \dfrac{2}{3}\pi \right) = -\dfrac{1}{2}$ を用いると，

$$
\left.
\begin{aligned}
H_{ax} &= H_m \sin \omega t \\
H_{ay} &= 0 \\
H_{bx} &= -\frac{1}{2} H_m \sin \left(\omega t - \frac{2}{3}\pi \right) \\
H_{by} &= -\frac{\sqrt{3}}{2} H_m \sin \left(\omega t - \frac{2}{3}\pi \right) \\
H_{cx} &= -\frac{1}{2} H_m \sin \left(\omega t + \frac{2}{3}\pi \right) \\
H_{cy} &= \frac{\sqrt{3}}{2} H_m \sin \left(\omega t + \frac{2}{3}\pi \right)
\end{aligned}
\right\}
\tag{15.6}
$$

が得られる。よって，

$$H_x = H_{ax} + H_{bx} + H_{cx} = H_m \left[\sin \omega t - \frac{1}{2} \left\{ \sin \left(\omega t - \frac{2}{3} \pi \right) + \sin \left(\omega t + \frac{2}{3} \pi \right) \right\} \right]$$

$$= \frac{3}{2} H_m \sin \omega t$$

$$H_y = H_{by} + H_{cy} = \frac{\sqrt{3}}{2} H_m \left\{ \sin \left(\omega t + \frac{2}{3} \pi \right) - \sin \left(\omega t - \frac{2}{3} \pi \right) \right\}$$

$$= \frac{3}{2} H_m \cos \omega t \tag{15.7}$$

となる。これより，磁界の x 成分と y 成分の合計を求めると，

$$H = H_x + jH_y = \frac{3}{2} H_m \, e^{-j \left(\omega t - \frac{\pi}{2} \right)} \tag{15.8}$$

となる。したがって，図15.2のコイル配置によって二相の場合と同じ**回転磁界**が得られ，その強さは1.5倍になる。また図のようなコイル配置で磁石を外力で回転させる発電機を作れば三相交流が得られる。

15.3 Y-△ 変換

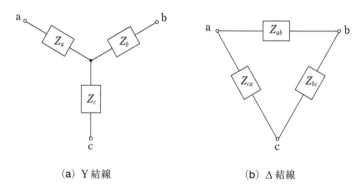

(a) Y 結線   (b) △ 結線

図15.4　Y結線と△結線

　三相交流を用いる場合は図**15.4**に示す**Y 結線**と **△ 結線**を用いるので，その相互変換を知っておく必要がある。以下のように，Y 結線は **T 形回路**であるので Z パラメータ表現が，△ 結線は π 形回路であるので Y パラメータ表現が適している。

$$[Z_T] = \begin{bmatrix} Z_a + Z_c & Z_c \\ Z_c & Z_b + Z_c \end{bmatrix}$$

$$\Delta_Z = Z_a Z_b + Z_b Z_c + Z_c Z_a \tag{15.9}$$

$$[Y_\pi] = \begin{bmatrix} Y_{ca} + Y_{ab} & -Y_{ab} \\ -Y_{ab} & Y_{ab} + Y_{bc} \end{bmatrix} \left.\begin{array}{c} \\ \\ \\ \end{array}\right\}$$
$$\varDelta_Y = Y_{ab} Y_{bc} + Y_{bc} Y_{ca} + Y_{ca} Y_{ab} \qquad (15.10)$$

それぞれの逆行列を求めると,

$$[Y_T] = [Z_T]^{-1} = \frac{1}{\varDelta_Z} \begin{bmatrix} Z_b + Z_c & -Z_c \\ -Z_c & Z_a + Z_c \end{bmatrix} \qquad (15.11)$$

$$[Z_\pi] = [Y_\pi]^{-1} = \frac{1}{\varDelta_Y} \begin{bmatrix} Y_{ab} + Y_{bc} & Y_{ab} \\ Y_{ab} & Y_{ca} + Y_{ab} \end{bmatrix} \qquad (15.12)$$

式 (15.12) と式 (15.9) が等しいとおくと, 次の Δ-Y 変換 が得られる。

$$Z_a = \frac{Y_{bc}}{Y_{ab} Y_{bc} + Y_{bc} Y_{ca} + Y_{ca} Y_{ab}} = \frac{Z_{ca} Z_{ab}}{Z_{ab} + Z_{bc} + Z_{ca}} \qquad (15.13)$$

$$Z_b = \frac{Y_{ca}}{Y_{ab} Y_{bc} + Y_{bc} Y_{ca} + Y_{ca} Y_{ab}} = \frac{Z_{ab} Z_{bc}}{Z_{ab} + Z_{bc} + Z_{ca}} \qquad (15.14)$$

$$Z_c = \frac{Y_{ab}}{Y_{ab} Y_{bc} + Y_{bc} Y_{ca} + Y_{ca} Y_{ab}} = \frac{Z_{bc} Z_{ca}}{Z_{ab} + Z_{bc} + Z_{ca}} \qquad (15.15)$$

同様に式 (15.10) と式 (15.11) を等しいとおくと, 次の Y-Δ 変換 が得られる。

$$Y_{ab} = \frac{Z_c}{Z_a Z_b + Z_b Z_c + Z_c Z_a} \quad \therefore Z_{ab} = Z_a + Z_b + \frac{Z_a Z_b}{Z_c} \qquad (15.16)$$

$$Y_{bc} = \frac{Z_a}{Z_a Z_b + Z_b Z_c + Z_c Z_a} \quad \therefore Z_{bc} = Z_b + Z_c + \frac{Z_b Z_c}{Z_a} \qquad (15.17)$$

$$Y_{ca} = \frac{Z_b}{Z_a Z_b + Z_b Z_c + Z_c Z_a} \quad \therefore Z_{ca} = Z_c + Z_a + \frac{Z_c Z_a}{Z_b} \qquad (15.18)$$

各インピーダンスが等しい場合は

$$Z_\varDelta = 3 Z_Y \qquad (15.19)$$

となる。

15.4　三相交流電源

15.4.1　Y 形電源

図15.5 の電源を Y 形電源または星形電源と呼ぶ。V_e を電圧振幅として, 複素数表示による三相電圧は

$$\left.\begin{array}{l} V_a = V_e\,e^{j\omega t} \\[4pt] V_b = V_e\,e^{j\left(\omega t - \frac{2}{3}\pi\right)} \\[4pt] V_c = V_e\,e^{j\left(\omega t + \frac{2}{3}\pi\right)} \end{array}\right\} \tag{15.20}$$

と表すことができる。これら三相交流電源の波形を図15.6に示す。

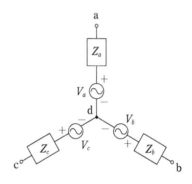

図15.5　Y形電源

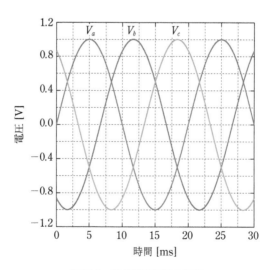

図15.6　三相交流電源の波形

図15.7に電圧の**ベクトル図**を示す。通常，回転方向は時計向きにとる。式 (15.20) で表される三相電圧を**対称三相**という。電圧の総和は

$$V_a + V_b + V_c = V_e\, e^{j\omega t} \left(1 + e^{-j\frac{2}{3}\pi} + e^{j\frac{2}{3}\pi} \right) = 0 \tag{15.21}$$

となる。これは，図15.7に示したベクトル図からも明らかである。V_a, V_b, V_c を**相電圧**，V_{ab}, V_{bc}, V_{ca} を**線間電圧**と呼ぶ。

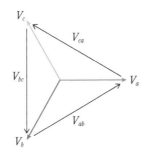

図15.7　電圧ベクトル

三相の送電を行う場合はa, b, cの3本の線で送る。**中性点** d は接地する場合と，しない場合がある。このときの線間電圧 V_{ab} は

$$V_{ab} = V_a - V_b = V_e \left(1 - e^{-j\frac{2}{3}\pi} \right) = V_e \left(\frac{3}{2} + j\frac{\sqrt{3}}{2} \right)$$
$$= \sqrt{3}\, V_e \left(\frac{\sqrt{3}}{2} + j\frac{1}{2} \right) = \sqrt{3}\, V_e\, e^{j\frac{\pi}{6}} = \sqrt{3}\, V_e \angle 30° \tag{15.22}$$

となる。ここで，$e^{j\omega t}$ はすべてに共通しているので省略している。したがって，線間電圧の大きさはY形電源電圧の $\sqrt{3}$ 倍になる。

15.4.2 △形電源

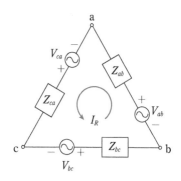

図15.8 △形電源

　図15.8の電源を **△形電源**と呼ぶ。三相電圧が対称三相の場合は V_{ab} を基準とすると，線間電圧は V_R を電圧振幅として

$$
\left.
\begin{aligned}
V_{ab} &= V_R e^{j\omega t} \\
V_{bc} &= V_R e^{j\left(\omega t - \frac{2}{3}\pi\right)} \\
V_{ca} &= V_R e^{j\left(\omega t + \frac{2}{3}\pi\right)}
\end{aligned}
\right\}
\tag{15.23}
$$

となる。Y形と同じように，△形の電圧のベクトル図も図15.7のようになる。したがって式 (15.22) で求めたように

$$
V_{ab} = \sqrt{3}\, V_a \angle 30^\circ
\tag{15.24}
$$

となる。
　また，△形電源の場合も

$$
V_{ab} + V_{bc} + V_{ca} = V_R \left(1 + e^{-j\frac{2}{3}\pi} + e^{j\frac{2}{3}\pi}\right) = 0
\tag{15.25}
$$

が成り立つ。図15.8において電源インピーダンス Z_{ab}, Z_{bc}, Z_{ca} のいかんにかかわらず，電源の閉路で流れる**環状電流** I_R は0である。

15.5 対称三相交流回路

　三相交流電源と負荷の関係を考える。負荷にはY結線と△結線がある。

15.5.1　Y 結線

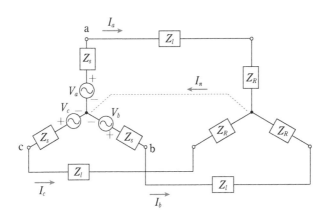

図15.9　Y形対称三相交流回路

図15.9に示すように，電源も負荷もY形の場合，各線電流は等しく，次のように表される。

$$I_{a, b, c} = \frac{V_{a, b, c}}{Z_s + Z_l + Z_R} \tag{15.26}$$

中性線電流 I_n は

$$I_n = I_a + I_b + I_c = \frac{V_a + V_b + V_c}{Z_s + Z_l + Z_R} = 0 \tag{15.27}$$

と0になるので，**中性線**は不要である。これが三相交流の大きな利点の1つである。単相で距離 l の電力伝送を行う場合，往復 $2l$ の抵抗損失が出る。これに対し三相では単相の3倍の電力を伝送するのに $3l$ だけの抵抗損失で済むことになる。このように中性線電流が0であるので，そのインピーダンスは無視することができ，各相は独立の単相電源とみなした計算が可能である。

次に，電力を求める。

$$Z_s + Z_l + Z_R = |Z_t| e^{j0} \tag{15.28}$$

とおくと，a相の**瞬時電力**は次式で求められる。

$$P_a = \frac{2V_e^2}{|Z_t|}\sin\omega t\sin(\omega t - \theta) = \frac{V_e^2}{|Z_t|}\{\cos\theta - \cos(2\omega t - \theta)\} \tag{15.29}$$

三相の瞬時電力を足し合わせると，

$$P_t = \frac{V_e^2}{|Z_t|}\left\{3\cos\theta - \cos(2\omega t - \theta) - \cos\left(2\omega t - \theta - \frac{4}{3}\pi\right) - \cos\left(2\omega t - \theta + \frac{4}{3}\pi\right)\right\}$$

$$= 3\frac{V_e^2}{|Z_t|}\cos\theta \tag{15.30}$$

となる。したがって単相の瞬時電力は 2ω の角周波数で変動するが，三相交流の瞬時電力の和は常に一定で，平均電力に等しい。この性質は三相交流の特徴の1つである。

15.5.2 Δ結線

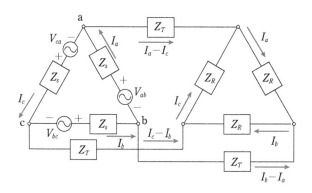

図15.10 Δ形対称三相交流回路

図15.10に示すように，Δ形負荷をΔ形電源で駆動する場合を考える。対称三相であるので，Z_s と Z_R を流れる電流は等しい。しかし，線電流は異なっている。V_{ab} を含む閉回路ではキルヒホッフの電圧則より

$$V_{ab} = Z_s I_a + Z_T(I_a - I_c) + Z_R I_a + Z_T(I_a - I_b) \tag{15.31}$$

また，

$$\left.\begin{array}{l} I_b = I_a e^{-j\frac{2}{3}\pi} \\[2mm] I_c = I_a e^{j\frac{2}{3}\pi} \end{array}\right\} \tag{15.32}$$

であるから，線間電圧は

$$V_{ab} = (Z_s + Z_R)I_a + Z_T I_a \left(2 - e^{-j\frac{2}{3}\pi} - e^{+j\frac{2}{3}\pi}\right) = (Z_s + Z_R)I_a + 3Z_T I_a \tag{15.33}$$

$$\therefore I_a = \frac{V_{ab}}{Z_s + Z_R + 3Z_T} \tag{15.34}$$

となり，線電流は

$$I_a - I_c = \frac{V_{ab}\left(1 - e^{j\frac{2}{3}\pi}\right)}{Z_s + Z_R + 3Z_T} = \frac{\sqrt{3}\,V_{ab}\,e^{-j\frac{1}{6}\pi}}{Z_s + Z_R + 3Z_T} \tag{15.35}$$

となる。

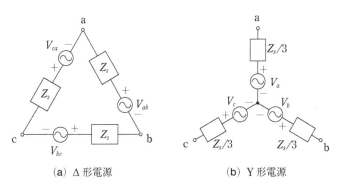

(a) Δ 形電源　　　　　　　(b) Y 形電源

図15.11　電源のΔ-Y変換

　ここで Δ-Y 変換を用いて求める。図15.11(a) の Δ 形電源を Y 形電源に変換すると図 15.11(b) になる。ただし，式 (15.19) および式 (15.22) より

$$Z_{sY} = \frac{Z_{s\varDelta}}{3} \tag{15.36}$$

$$V_a = \frac{1}{\sqrt{3}}V_{ab}\,e^{-j\frac{\pi}{6}} \tag{15.37}$$

となる。これより，Δ 形負荷を Y 形負荷に変換し，式 (15.19) を用いると，単相の等価回路は図15.12のようになる。したがって流れる電流は

$$I_T = I_a - I_c = \frac{\dfrac{1}{\sqrt{3}}V_{ab}\,e^{-j\frac{1}{6}\pi}}{\dfrac{Z_s}{3} + \dfrac{Z_R}{3} + Z_T} = \frac{\sqrt{3}\,V_{ab}\,e^{-j\frac{1}{6}\pi}}{Z_s + Z_R + 3Z_T} \tag{15.38}$$

となり，式 (15.35) に示した結果と同じになる。

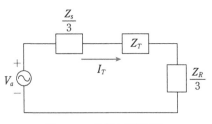

図15.12　単相の等価回路

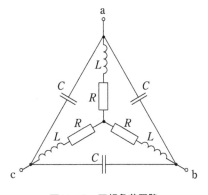

図15.13　三相負荷回路

1)　図15.13の三相負荷回路をY形に変換し，単相あたりの負荷回路とインピーダンス Z を求める。容量 C が Δ 形回路を形成しているので，この部分を Y 形に変換する。式 (15.15) を用いると，

$$Z_c = \frac{Y_{ab}}{Y_{ab}Y_{bc} + Y_{bc}Y_{ca} + Y_{ca}Y_{ab}} = \frac{j\omega C}{3(j\omega C)^2} = \frac{1}{3j\omega C}$$

となる。得られた単相あたりの負荷回路を図15.14に示す。インピーダンス Z_i は以下となる。

$$Z_i = \frac{R + j\omega L}{1 - 3\omega^2 LC + j3\omega CR}$$

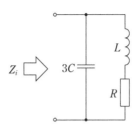

図15.14　得られた単相あたりの負荷回路

2)　力率が1となる容量 C の値は，インピーダンス Z_i の虚数部が0であるので以下となる。

$$C = \frac{L}{3(R^2 + \omega^2 L^2)}$$

3)　線間電圧を 100 V，周波数を 50 Hz，$L = 0.1$ H，$R = 50\,\Omega$ とすると，問2) より容量 C は $C = 9.56\,\mu\text{F}$ となる。このとき，インピーダンス Z_i は

$$Z_i = \frac{L}{3CR}$$

となるので，値を代入すると，$Z_i = 69.73\,\Omega$ となる。

4)　Z_i で消費される電力の3倍であることと，線間電圧から単相電圧への変換が式 (15.37) で与えられることを考慮すると，全消費電力 P_t は

$$P_t = 3\frac{V_a^2}{Z_i} = 3\frac{(V_{ab}/\sqrt{3})^2}{Z_i} = \frac{V_{ab}^2}{Z_i}$$

となるので，値を代入すると，$P_t = 143$ W となる。

15.1 周波数 $f = 60$ Hzにおいて，$Z_{ab} = 8+j6\ \Omega$，$Z_{bc} = 8+j6\ \Omega$，$Z_{ca} = 8-j12\ \Omega$のΔ形回路がある。これをY形に変換した回路のインピーダンスZ_a, Z_b, Z_cと等価回路を求めよ。

15.2 3個の等しい抵抗をY形に接続し，線間電圧200 Vの三相交流電源に接続したとき，2 Aの電流が流れた。以下の問いに答えよ。

(1) 抵抗値を求めよ。

(2) 同一抵抗をΔ形に接続し同じ電源につないだときの線電流を求めよ。

(3) Δ結線の場合とY結線の場合の消費電力を求めよ。

15.3 図問15.1の回路のR_sおよびR_Lの消費電力を求めよ。

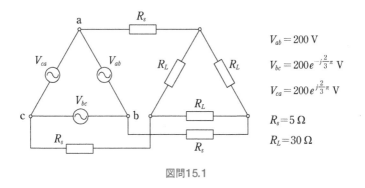

$V_{ab} = 200$ V

$V_{bc} = 200\,e^{-j\frac{2}{3}\pi}$ V

$V_{ca} = 200\,e^{j\frac{2}{3}\pi}$ V

$R_s = 5\ \Omega$

$R_L = 30\ \Omega$

図問15.1

15.4 図問15.2の三相交流回路の線電流の大きさ$|I|$と三相電力Pを求めよ。ただし，周波数 $f = 50$ Hz，V_a, V_b, V_cの電圧は150 V，抵抗$R = 20\ \Omega$，容量$C = 100\ \mu$Fとする。

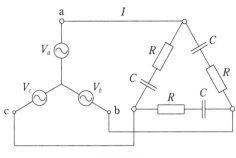

図問15.2

15.5 図問15.3のY形回路において，抵抗$R=10\ \Omega$，インダクタンス$L=50\ \mathrm{mH}$，周波数$f=50\ \mathrm{Hz}$，線間電圧V_{ab}, V_{bc}, V_{ca}の実効値を200 Vとするとき，三相交流回路の各相の負荷インピーダンス，力率，相電圧V_a, V_b, V_cの実効値，相電流I_a, I_b, I_cの実効値，回路全体で消費される電力を求めよ。

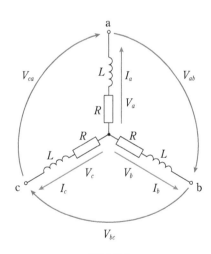

図問15.3

本章のまとめ

- 三相交流が用いられる理由：大電力の交流では三相交流が用いられる。送電線の損失が少なく，回転磁界を容易に作れるので大型電動機の駆動に便利なためである。

- 三相交流ベクトル：三相交流ベクトルは互いに $\frac{2}{3}\pi$，つまり $120°$ ずつ異なっている。

- Y結線とΔ結線：三相交流では，負荷側にY結線もしくはΔ結線を用いる。インピーダンスおよびアドミッタンスの相互変換を覚えておく必要がある。各インピーダンスが等しい場合は $Z_\Delta = 3Z_Y$ である。

- Δ形電源とY形電源の線間電圧の大きさ：Δ形電源の線間電圧の大きさはY形電源電圧の $\sqrt{3}$ 倍になる。

- Y形対称三相交流回路：Y形対称三相交流回路では中性線電流が 0 であるので，各相は独立の単相電源とみなした計算が可能である。

- Δ形対称三相交流回路：Δ形対称三相交流回路ではキルヒホッフの電圧則を用いて流れる電流を求めることができる。また，いったんY形電源とY形負荷に変換して単相回路として求めることもできる。

- 三相交流の瞬時電力の和：三相交流の瞬時電力の和は常に一定で，平均電力に等しい。

第 *16* 章

ひずみ波交流

　三角波や矩形波など，周期的ではあるが正弦波ではない信号がある。これら
の信号はひずみ波と呼ばれる。このような信号を取り扱うとき，周期関数は多く
の正弦波の和として表されるので，各周波数成分に関して応答を求め，線形加算
を行う処理方法について述べる。

16.1　フーリエ級数

　ある関数 $f(t)$ が，定数 T に対して

$$f(t + T) = f(t) \tag{16.1}$$

が成り立つとき，$f(t)$ は周期関数，T は周期である。この場合，関数は次式のように三
角関数で表すことができる。

$$\left. \begin{aligned} f(t) &= \frac{a_0}{2} + \sum_{n=1}^{\infty}(a_n \cos 2\pi n f_0 t + b_n \sin 2\pi n f_0 t) \\ f_0 &= \frac{1}{T} \end{aligned} \right\} \tag{16.2}$$

式 (16.2) の右辺は**フーリエ級数**と呼ばれる。つまり，関数 $f(t)$ は $f_0 = 1/T$ の基本周波
数の整数倍の余弦波および正弦波の線形加算で表される。

　任意の整数 $n\ (\neq 0)$ に対して，

$$\int_{-T/2}^{T/2} \cos 2\pi n f_0 t\, dt = \int_{-T/2}^{T/2} \sin 2\pi n f_0 t\, dt = 0 \tag{16.3}$$

同様に任意の整数 $n,\ m\ (\neq 0)$ に対して，

$$\int_{-T/2}^{T/2} \cos 2\pi n f_0 t \cdot \cos 2\pi m f_0 t\, dt = \begin{cases} \dfrac{T}{2} & (m = n) \\ 0 & (m \neq n) \end{cases} \tag{16.4a}$$

$$\int_{-T/2}^{T/2} \sin 2\pi n f_0 t \cdot \sin 2\pi m f_0 t\, dt = \begin{cases} \dfrac{T}{2} & (m = n) \\ 0 & (m \neq n) \end{cases} \tag{16.4b}$$

任意の整数 $n,\ m$ に対して，

$$\int_{-T/2}^{T/2} \sin 2\pi n f_0 t \cdot \cos 2\pi m f_0 t\, dt = 0 \tag{16.5}$$

したがって，**フーリエ係数** a_n, b_n は

$$a_n = \frac{2}{T} \int_{-T/2}^{T/2} f(t) \cos 2\pi n f_0 t\, dt \quad (n = 0,\ 1,\ 2,\ \cdots) \tag{16.6a}$$

$$b_n = \frac{2}{T} \int_{-T/2}^{T/2} f(t) \sin 2\pi n f_0 t\, dt \quad (n = 1,\ 2,\ \cdots) \tag{16.6b}$$

となる。なお，

$$\frac{a_0}{2} = \frac{1}{T} \int_{-T/2}^{T/2} f(t)\, dt \tag{16.7}$$

は直流成分を与える。

ところで，以下の特別な性質があると，関数 $f(t)$ がより簡単になる。

1) **偶関数**：$f(t) = f(-t)$ のとき，$b_n = 0$ $(n = 1,\ 2,\ \cdots)$
2) **奇関数**：$f(t) = -f(-t)$ のとき，$a_n = 0$ $(n = 0,\ 1,\ 2,\ \cdots)$
3) **正負対称関数**：$f(t) = -f(t + \frac{T}{2})$ のとき，$a_0 = a_{2n} = b_{2n} = 0$ $(n = 1,\ 2,\ \cdots)$

また，式 (16.2) は cos 項と sin 項をまとめて

$$f(t) = \frac{a_0}{2} + \sum_{n=1}^{\infty} A_n \sin(2\pi n f_0 t + \varphi_n) \tag{16.8}$$

とすることも可能である。ここで，

$$A_n = \sqrt{a_n^2 + b_n^2} \tag{16.9a}$$

$$\varphi_n = \tan^{-1}\left(\frac{a_n}{b_n}\right) \tag{16.9b}$$

である。

フーリエ級数を複素指数関数で記述することも可能である。これを**複素フーリエ級数**という。この場合は

$$f(t) = \sum_{n=-\infty}^{\infty} c_n e^{j2\pi n f_0 t} \tag{16.10}$$

である。ここで，

$$c_0 = \frac{a_0}{2}$$

$$c_n = \frac{a_n - jb_n}{2} \quad (n = 1, 2, \cdots) \left.\vphantom{\begin{matrix}a\\b\\c\end{matrix}}\right\}$$

$$c_{-n} = \frac{a_n + jb_n}{2} \quad (n = 1, 2, \cdots)$$

(16.11)

である。式 (16.2) に比べて簡潔であるが，負の周波数まで拡張していることに注意が必要である。係数 c_n は

$$c_n = \frac{1}{T} \int_{-T/2}^{T/2} f(t) e^{-j2\pi n f_0 t} dt \quad (n \neq 0)$$

(16.12)

で与えられる。ただし，

$$c_0 = \frac{1}{T} \int_{-T/2}^{T/2} f(t) dt$$

(16.13)

である。

例 16.1

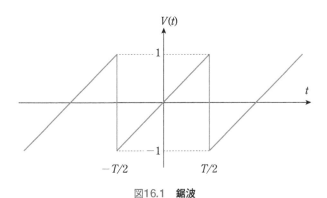

図16.1　鋸波

図16.1 の鋸波のフーリエ級数を求める。この関数は奇関数なので cos 項の係数 a_n は 0 である。区間 $-T/2$ から $T/2$ において，この関数は次のように表される。

$$V(t) = \frac{2t}{T}$$

(16.14)

式 (16.6b) より

$$b_n = \frac{2}{T} \int_{-T/2}^{T/2} \frac{2t}{T} \sin\left(\frac{2\pi n_0}{T} t\right) dt = \frac{4}{T} \left[\frac{-t}{2\pi n} \cos\left(\frac{2\pi n_0}{T} t\right)\right]_{-T/2}^{T/2}$$
$$= 2\frac{(-1)^{n+1}}{n\pi} \tag{16.15}$$

したがって

$$V(t) = \frac{2}{\pi} \sum_{n=1}^{\infty} \frac{(-1)^{n+1}}{n} \sin\left(\frac{2\pi n}{T} t\right) \tag{16.16}$$

式 (16.10) の複素指数関数を用いると，以下となる。

$$\left.\begin{array}{l} c_n = \dfrac{2}{T^2} \displaystyle\int_{-T/2}^{T/2} t e^{-j\frac{2\pi nt}{T}} dt = \dfrac{j}{2\pi n}\left(e^{-jn\pi} + e^{jn\pi}\right) = \dfrac{j}{n\pi}(-1)^n \ \ (n \neq 0) \\[4mm] c_0 = \dfrac{2}{T^2} \displaystyle\int_{-T/2}^{T/2} t\,dt = 0 \end{array}\right\} \tag{16.17}$$

例 16.2

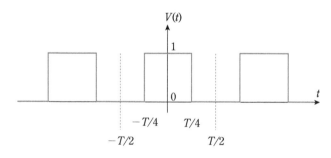

図16.2　矩形波

　図16.2の矩形波のフーリエ級数を求める。この関数は偶関数なので sin 項の係数 b_n は0である。式 (16.6a) より

$$
\begin{aligned}
a_n &= \frac{2}{T} \int_{-T/2}^{T/2} f(t) \cos 2\pi n f_0 \, t \, dt = \frac{2}{T} \int_{-T/4}^{T/4} \cos\left(\frac{2\pi n}{T} t\right) dt \\
&= \frac{1}{\pi n} \left[\sin\left(\frac{2\pi n}{T} t\right) \right]_{-T/4}^{T/4} = \frac{1}{\pi n} \left[\sin\left(\frac{\pi n}{2}\right) - \sin\left(-\frac{\pi n}{2}\right) \right] \\
&= \frac{2}{\pi n} \sin\left(\frac{\pi n}{2}\right) \\
a_0 &= \frac{2}{T} \int_{-T/4}^{T/4} dt = 1
\end{aligned}
\tag{16.18a}
$$

$$
V(t) = \frac{1}{2} + \frac{2}{\pi} \sum_{n=1}^{\infty} \frac{1}{n} \sin\left(\frac{\pi n}{2}\right) \cos\left(\frac{2\pi n}{T} t\right)
\tag{16.18b}
$$

複素指数関数を用いると，以下となる。

$$
\begin{aligned}
c_n &= \frac{1}{T} \int_{-T/4}^{T/4} e^{-j\frac{2\pi n t}{T}} dt = \frac{1}{T} \frac{T}{-j2\pi n} \left[e^{-j\frac{2\pi n t}{T}} \right]_{-T/4}^{T/4} \\
&= \frac{j}{2\pi n} \left(e^{-j\frac{\pi}{2}n} - e^{+j\frac{\pi}{2}n} \right) = \frac{1}{\pi n} \sin\left(\frac{n\pi}{2}\right) \\
c_0 &= \frac{1}{T} \int_{-T/4}^{T/4} dt = \frac{1}{2}
\end{aligned}
\tag{16.19}
$$

16.2　実効値および電力

16.2.1　実効値

ひずみ波の場合，電圧 $v(t)$ は式 (16.8) より $\dfrac{a_0}{2} \to V_0$，$A_n \to V_n$ と読み替えて

$$
v(t) = V_0 + \sum_{n=1}^{\infty} V_n \sin(2\pi n f_0 t + \varphi_n)
\tag{16.20}
$$

と表される。V_0 は直流成分，$n = 1$ の項の V_1 を**基本波**，$n \geq 2$ の項を**高調波**と呼ぶ。電流でも同じである。**実効値** V_e は

$$
V_e = \sqrt{\frac{1}{T} \int_0^T v^2(t) \, dt}
\tag{16.21}
$$

で表される。この式にひずみ波を表す式 (16.20) を代入すると，

$$v^2(t) = \left\{ V_0 + \sum_{n=1}^{\infty} V_n \sin(2\pi n f_0 t + \varphi_n) \right\}^2$$

$$= V_0^2 + \sum_{n=1}^{\infty} V_n^2 \sin^2(2\pi n f_0 t + \varphi_n) + 2V_0 \sum_{n=1}^{\infty} V_n \sin(2\pi n f_0 t + \varphi_n)$$

$$+ \sum_{m=1}^{\infty} \sum_{n=1}^{\infty} V_m V_n \sin(2\pi m f_0 t + \varphi_m) \sin(2\pi n f_0 t + \varphi_n) \quad (m \neq n) \tag{16.22}$$

となる。第3項と第4項は1周期にわたって積分すると0になる。また第1項，第2項は，

$$\frac{1}{T} \int_{t=0}^{T} V_0^2 \, dt = V_0^2 \tag{16.23a}$$

$$\frac{1}{T} \int_{t=0}^{T} V_n^2 \sin^2(2\pi n f_0 t + \varphi_n) dt = \frac{V_n^2}{2} = V_{ne}^2 \tag{16.23b}$$

となる。ここで，V_{ne} は高調波の実効値である。したがって，ひずみ波の実効値 V_e は交流成分のみを考慮すると，以下の各周波数成分の2乗平均で考えられる。

$$V_e = \sqrt{V_{1e}^2 + V_{2e}^2 + \cdots} \tag{16.24a}$$

電流も同様で，

$$I_e = \sqrt{I_{1e}^2 + I_{2e}^2 + \cdots} \tag{16.24b}$$

16.2.2 電力

負荷に式 (16.20) の電圧

$$v(t) = V_0 + \sum_{n=1}^{\infty} V_n \sin(2\pi n f_0 t + \varphi_n) \tag{16.25}$$

が印加され，流れる電流が

$$i(t) = I_0 + \sum_{n=1}^{\infty} I_n \sin(2\pi n f_0 t + \varphi_n + \phi_n) \tag{16.26}$$

であるとき，**瞬時電力** $p(t)$ は

$$p(t) = v(t) i(t) \tag{16.27}$$

であるが，**有効電力** P は

$$P = \frac{1}{T} \int p(t) \, dt \tag{16.28}$$

であるので，異なった周波数の電圧と電流の掛け算の項は0になる。したがって，有

効電力 P は各周波数の電圧と電流の掛け算になるので，

$$P = V_0 I_0 + \sum_{n=1}^{\infty} \frac{V_n I_n}{2} \cos \phi_n = V_0 I_0 + \sum_{n=1}^{\infty} V_{ne} I_{ne} \cos \phi_n \qquad (16.29)$$

となる。直流成分が生じないとすると，

皮相電力： $V_e I_e = \sqrt{\sum_{n=1}^{\infty} V_{ne}^2} \cdot \sqrt{\sum_{n=1}^{\infty} I_{ne}^2} \qquad (16.30)$

力率： $\cos \phi = \dfrac{P}{V_e I_e} = \dfrac{\sum_{n=1}^{\infty} V_{ne} I_{ne} \cos \phi_n}{\sqrt{\sum_{n=1}^{\infty} V_{ne}^2} \cdot \sqrt{\sum_{n=1}^{\infty} I_{ne}^2}} \qquad (16.31)$

である。その他には

$$波形率 = \frac{実効値}{平均値} \qquad (16.32)$$

$$波高率 = \frac{最大値}{実効値} \qquad (16.33)$$

$$ひずみ率 = k = \frac{全高調波の実効値}{基本波の実効値} = \frac{\sqrt{V_{2e}^2 + V_{3e}^2 + \cdots}}{V_{1e}} \qquad (16.34)$$

が定義されている。

例 16.3

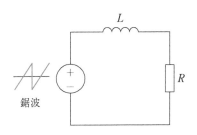

図16.3　**鋸波を電圧源とする***RL***直列回路**

図16.3の鋸波の電圧源の電圧が $V(t) = \dfrac{2}{\pi} \displaystyle\sum_{n=1}^{\infty} \dfrac{(-1)^{n+1}}{n} \sin\left(\dfrac{2\pi n}{T} t\right)$ で表されるとき，以下を求める。

1) 鋸波の実効値とひずみ率を求める。ただし $\displaystyle\sum_{n=1}^{\infty} \dfrac{1}{n^2} = \dfrac{\pi^2}{6}$ であることがわかっているものとする。式 (16.24a) より，実効値 V_e は以下となる。

$$
\begin{aligned}
V_e &= \sqrt{V_{1e}^2 + V_{2e}^2 + \cdots} = \sqrt{\frac{1}{2}\left(\frac{2}{\pi}\frac{1}{1}\right)^2 + \frac{1}{2}\left(\frac{2}{\pi}\frac{1}{2}\right)^2 + \cdots} \\
&= \frac{\sqrt{2}}{\pi}\sqrt{\sum_{n=1}^{\infty}\frac{1}{n^2}} = \frac{\sqrt{2}}{\pi}\frac{\pi}{\sqrt{6}} = \frac{1}{\sqrt{3}} \approx 0.58\,\mathrm{V}
\end{aligned}
$$

また，式 (16.34) より，ひずみ率は以下となる。

$$
\text{ひずみ率} = \sqrt{\sum_{n=2}^{\infty}\frac{1}{n^2}} = \sqrt{\sum_{n=1}^{\infty}\frac{1}{n^2} - 1} = \sqrt{\frac{\pi^2}{6} - 1} \approx 0.80
$$

2) $R = 2\pi f_0 L = 1\,\Omega$ のときに流れる電流の実効値 I_e を求める。電流 I は

$$
I(t) = \frac{V(t)}{R + j2\pi f_0 nL} = \frac{2}{\pi}\sum_{n=1}^{\infty}\frac{(-1)^{n+1}}{n(R + j2\pi f_0 nL)}
$$

したがって，式 (16.24b) より，電流の実効値は以下となる。

$$
\begin{aligned}
I_e &= \frac{2}{\pi}\sqrt{\sum_{n=1}^{\infty}\frac{1}{n^2\{R^2 + (2\pi f_0 nL)^2\}}} = \frac{2}{\pi}\sqrt{\sum_{n=1}^{\infty}\frac{1}{n^2\{1 + n^2\}}} \approx \frac{2}{\pi} \times 0.751 \\
&\approx 0.48\,\mathrm{A}
\end{aligned}
$$

3) 有効電力，皮相電力，力率を求める。各周波数成分の力率は

$$
\cos\phi_n = \frac{R}{\sqrt{R^2 + (2\pi f_0 nL)^2}}
$$

したがって有効電力は式 (16.29) より

$$
\begin{aligned}
P &= \sum_{n=1}^{\infty}(-1)^{n+1}\frac{2}{n\pi} \cdot (-1)^{n+1}\frac{2}{n\pi} \cdot \frac{1}{\sqrt{R^2 + (2\pi f_0 nL)^2}} \cdot \frac{R}{\sqrt{R^2 + (2\pi f_0 nL)^2}} \\
&= \frac{4}{\pi^2}\sum_{n=1}^{\infty}\frac{1}{n^2} \cdot \frac{R}{R^2 + (2\pi f_0 nL)^2} = \frac{4}{\pi^2}\sum_{n=1}^{\infty}\frac{1}{n^2} \cdot \frac{1}{1 + n^2} \approx \frac{4}{\pi^2} \times 0.56 = 0.23\,\mathrm{W}
\end{aligned}
$$

皮相電力は式 (16.30) より
$$V_e I_e = 0.58 \times 0.48 = 0.28\,\text{VA}$$
となる。よって，力率は以下となる。

$$\cos\phi = \frac{P}{V_e I_e} = \frac{0.23}{0.28} = 0.82$$

● 演習問題

16.1 図問16.1は正弦波を全波整流した波形である。いま，この関数$f(t)$を

$$\begin{cases} f(t) = |A\sin t| & (-\pi \leq t < \pi) \\ f(t + 2\pi) = f(t) \end{cases}$$

で表す。このとき，この関数をフーリエ級数で表せ。

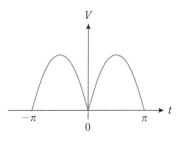

図問16.1

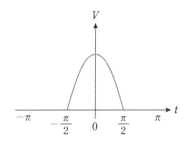

図問16.2

16.2 図問16.2は余弦波を半波整流した波形である。いま，この関数$f(t)$を

$$\begin{cases} f(t) = A\cos t & \left(-\dfrac{\pi}{2} \leq t < \dfrac{\pi}{2}\right) \\ f(t) = 0 & \left(-\pi \leq t < -\dfrac{\pi}{2},\ \dfrac{\pi}{2} \leq t < \pi\right) \\ f(t + 2\pi) = f(t) \end{cases}$$

で表す。このとき，この関数をフーリエ級数で表せ。

16.3 図問16.3の回路において，入力信号$V_s(t)$は以下のように表される。
$$V_s(t) = |A\sin(2\pi f_1 t)|$$

ここで，Aは振幅で1 V，周波数$f_1 = 1\,\text{MHz}$である。以下の問いに答えよ。

(1) インダクタンス $L = 1\,\mu\text{H}$ とするとき，周波数2 MHzの信号を最大振幅で取り出すことができる容量Cを求めよ。

(2) V_{out}における2 MHzの出力振幅を5 Vにしたい。抵抗Rの値を求めよ。

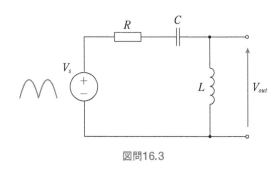

図問16.3

16.4 次のひずみ波交流電流の実効値およびひずみ率を求めよ。

$$I(t) = 10\sin\omega t + 5\sin\left(2\omega t - \frac{\pi}{3}\right) + 3\sin\left(3\omega t + \frac{\pi}{6}\right)$$

16.5 ある回路にひずみ波交流電圧

$$V(t) = 10\sin\omega t + 5\sin\left(3\omega t - \frac{\pi}{6}\right)\,[\text{V}]$$

を加えたとき，次式で表される電流が流れた。

$$I(t) = 4\sin\left(\omega t + \frac{\pi}{3}\right) + \sin 3\omega t\,[\text{A}]$$

このときの実効電力，皮相電力，力率を求めよ。

本章のまとめ

・**ひずみ波**：三角波や矩形波など，周期的ではあるが正弦波ではない信号は，ひずみ波と呼ばれる。

・**フーリエ級数**：周期関数 $f(t)$ は次式のようにフーリエ級数で表される。直流成分および $f_0 = 1/T$ の基本周波数の整数倍の余弦波および正弦波の線形加算となる。

$$f(t) = \frac{a_0}{2} + \sum_{n=1}^{\infty}(a_n \cos 2\pi n f_0 t + b_n \sin 2\pi n f_0 t)$$

・**フーリエ係数**：フーリエ係数 a_n, b_n は次式で求められる。

$$a_n = \frac{2}{T}\int_{-T/2}^{T/2} f(t)\cos 2\pi n f_0 t\, dt \quad (n = 0, 1, 2, \cdots)$$

$$b_n = \frac{2}{T}\int_{-T/2}^{T/2} f(t)\sin 2\pi n f_0 t\, dt \quad (n = 1, 2, \cdots)$$

$$\frac{a_0}{2} = \frac{1}{T}\int_{-T/2}^{T/2} f(t)\, dt$$

・**偶関数，奇関数，正負対称関数**：以下の特別な性質があると，関数 $f(t)$ がより簡単になる。

1) **偶関数**：$f(t) = f(-t)$ のとき，$b_n = 0$ $(n = 1, 2, \cdots)$
2) **奇関数**：$f(t) = -f(-t)$ のとき，$a_n = 0$ $(n = 0, 1, 2, \cdots)$
3) **正負対称関数**：$f(t) = -f(t + \frac{T}{2})$ のとき，$a_0 = a_{2n} = b_{2n} = 0$ $(n = 1, 2, \cdots)$

・**複素フーリエ級数**：フーリエ級数を次式のように複素指数関数で記述できる。これを複素フーリエ級数という。

$$f(t) = \sum_{n=-\infty}^{\infty} c_n e^{j2\pi n f_0 t}$$

ここで，係数 c_n は

$$\left.\begin{array}{l} c_n = \dfrac{1}{T}\displaystyle\int_{-T/2}^{T/2} f(t)\, e^{-j2\pi n f_0 t}\, dt \quad (n \neq 0) \\[3mm] c_0 = \dfrac{1}{T}\displaystyle\int_{-T/2}^{T/2} f(t)\, dt \end{array}\right\}$$

で与えられる。

・ひずみ波の実効値：ひずみ波の電圧の実効値 V_e および電流の実効値 I_e は，交流成分のみを考慮して，以下の各周波数成分の2乗平均で与えられる。

$$V_e = \sqrt{V_{1e}^2 + V_{2e}^2 + \cdots}$$

$$I_e = \sqrt{I_{1e}^2 + I_{2e}^2 + \cdots}$$

・ひずみ波の有効電力：ひずみ波の有効電力は各周波数における有効電力を求めて加算すればよい。

$$P = V_0 I_0 + \sum_{n=1}^{\infty} \frac{V_n I_n}{2} \cos\phi_n = V_0 I_0 + \sum_{n=1}^{\infty} V_{ne} I_{ne} \cos\phi_n$$

第 *17* 章

分布定数回路 (1)　〜時間領域でのふるまい

　電気回路は，マクスウェルの方程式で記述される電磁気学を実際に合わせてより使いやすくしたものである。これまで学んだ集中定数回路は長さや距離の概念を切り捨てて，特性が距離依存を持たないと仮定することで，より使いやすくしているが，信号の波長が伝送距離の 1/100 程度以上になると，距離の影響を受け波動的な性質を示すようになる。したがって，このような高周波信号を扱う場合は信号を波動として捉える必要がある。このため，回路素子が分布している回路という意味で分布定数回路を取り扱うことにする。

　分布定数回路は，波動の透過や反射といった時間領域でのふるまいと，インピーダンスの周波数特性などを取り扱う周波数領域でのふるまいの 2 つの観点でまとめることができる。本章では，時間領域でのふるまいについて述べる。

17.1　伝送線路

　伝送線路は高周波信号をそれに沿って伝搬させるための線路である。伝搬する高周波を限られた空間内に閉じ込めることにより，エネルギー散逸を防ぐことのできる構造になっている。図17.1 に示すように，伝送線路にはいろいろな種類がある。いずれも信号線とグランドを近くに配置することにより，電磁波を限られた空間に閉じ込める構造になっている。

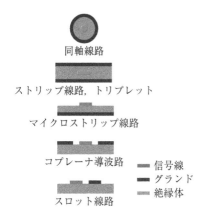

同軸線路

ストリップ線路，トリプレット

マイクロストリップ線路

コプレーナ導波路

スロット線路

■ 信号線
■ グランド
■ 絶縁体

図17.1　伝送線路の種類

図17.2に示すように，伝送線路は，微小区間 Δx において，線路に直列に抵抗 R，インダクタ L があり，並列にコンダクタンス G，容量 C がある回路で近似できる。また，微小区間 Δx において，キルヒホッフの法則が成り立っていると考えることができる。

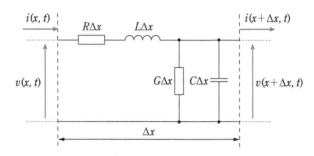

図17.2　伝送線路の微小区間Δxでの等価回路

伝送線路の微小区間 Δx の等価回路において，キルヒホッフの電圧則と電流則により，

$$v\,(x, t) = R\Delta x i\,(x, t) + L\Delta x \frac{\partial\,i\,(x, t)}{\partial\,t} + v\,(x + \Delta x, t) \tag{17.1}$$

$$i\,(x, t) = G\Delta x v\,(x + \Delta x, t) + C\Delta x \frac{\partial\,v\,(x + \Delta x, t)}{\partial\,t} + i\,(x + \Delta x, t) \tag{17.2}$$

が得られる。電圧・電流の x 方向の偏微分方程式を得るために，微小区間 Δx をゼロにできるだけ近づけ，Δx の2次の項を無視すると，

$$-\lim_{\Delta x \to 0} \left\{ \frac{v\,(x + \Delta x, t) - v\,(x, t)}{\Delta x} \right\} = -\frac{\partial\,v\,(x, t)}{\partial\,x} = Ri\,(x, t) + L\frac{\partial\,i\,(x, t)}{\partial\,t} \tag{17.3}$$

$$-\lim_{\Delta x \to 0} \left\{ \frac{i\,(x + \Delta x, t) - i\,(x, t)}{\Delta x} \right\} = -\frac{\partial\,i\,(x, t)}{\partial\,x} = Gv\,(x, t) + C\frac{\partial\,v\,(x, t)}{\partial\,t} \tag{17.4}$$

式 (17.3) を x で偏微分し，式 (17.4) を代入すると，以下が得られる。

$$\frac{\partial^2 v}{\partial x^2} = -R\frac{\partial i}{\partial x} - L\frac{\partial^2 i}{\partial x\,\partial t} = -R\left(-Gv - C\frac{\partial v}{\partial t}\right) - L\frac{\partial}{\partial t}\left(-Gv - C\frac{\partial v}{\partial t}\right)$$

$$= LC\frac{\partial^2 v}{\partial t^2} + (GL + RC)\frac{\partial v}{\partial t} + RGv \tag{17.5}$$

同様に，式 (17.4) を x で偏微分し，式 (17.3) を代入すると，以下が得られる。

$$\frac{\partial^2 i}{\partial x^2} = -G\frac{\partial v}{\partial x} - C\frac{\partial^2 v}{\partial x \partial t} = -G\left(-Ri - L\frac{\partial i}{\partial t}\right) - C\frac{\partial}{\partial t}\left(-Ri - L\frac{\partial i}{\partial t}\right)$$

$$= LC\frac{\partial^2 i}{\partial t^2} + (GL + RC)\frac{\partial i}{\partial t} + RGi \tag{17.6}$$

式 (17.5) と式 (17.6) は，**伝搬方程式**もしくは**電信方程式**と呼ばれている。

17.2　伝搬方程式の定常解

　伝搬方程式において，電圧および電流が，時間 t に関して一定の角周波数 ω で変化している場合が多い。そこで，このような場合の定常解を求める。これは電圧と電流に対する波動方程式である。電圧 v と電流 i を以下のように仮定する。

$$\left.\begin{array}{l} v(x, t) = V(x)\,e^{j\omega t} \\ i(x, t) = I(x)\,e^{j\omega t} \end{array}\right\} \tag{17.7}$$

これを式 (17.3)，(17.4) に代入すると，

$$-\frac{dV}{dx} = (R + j\omega L)I = ZI \tag{17.8}$$

$$-\frac{dI}{dx} = (G + j\omega C)V = YV \tag{17.9}$$

が得られる。ここで，Z は伝送線路の直列インピーダンス，Y は並列アドミッタンスである。そこで式 (17.8) を x で微分し，これに式 (17.9) を代入すると，

$$\frac{d^2 V}{dx^2} = \gamma^2 V \tag{17.10}$$

ここで，

$$\gamma = \sqrt{Z \cdot Y} = \sqrt{(R + j\omega L)(G + j\omega C)} \tag{17.11}$$

である。電流についても同様に，

$$\frac{d^2 I}{dx^2} = \gamma^2 I \tag{17.12}$$

が得られる。

　式 (17.10) は，これまでもたびたび出てきた式であり，その解は

$$V(x) = V_1 e^{-\gamma x} + V_2 e^{\gamma x} \tag{17.13}$$

である。ここで，V_1, V_2は境界条件で決定される電圧である。式 (17.13) を式 (17.8) に代入すると，

$$-\frac{dV(x)}{dx} = V_1 \gamma e^{-\gamma x} - V_2 \gamma e^{\gamma x} = (R + j\omega L)I(x) \tag{17.14}$$

となり，式 (17.11) を用いて電流

$$I(x) = \frac{1}{Z_0}\left(V_1 e^{-\gamma x} - V_2 e^{\gamma x}\right) \tag{17.15}$$

が得られる。ここで

$$Z_0 = \sqrt{\frac{Z}{Y}} = \sqrt{\frac{R + j\omega L}{G + j\omega C}} \tag{17.16}$$

である。

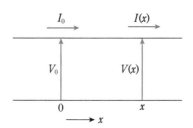

図17.3 線路の境界条件

次に，V_1, V_2を求める。例えば図 17.3 に示すように，$x = 0$における電圧・電流が与えられた場合は $V(0) = V_0$，$I(0) = I_0$ とすると，式 (17.13)，(17.15) より，

$$\left.\begin{array}{l} V(x) = \dfrac{1}{2}(V_0 + Z_0 I_0)e^{-\gamma x} + \dfrac{1}{2}(V_0 - Z_0 I_0)e^{\gamma x} \\[2mm] I(x) = \dfrac{1}{2}\dfrac{1}{Z_0}(V_0 + Z_0 I_0)e^{-\gamma x} - \dfrac{1}{2}\dfrac{1}{Z_0}(V_0 - Z_0 I_0)e^{\gamma x} \end{array}\right\} \tag{17.17}$$

となる。これが**伝送線路の基本方程式**である。ここで，以下の**双曲線関数**

$$\left.\begin{array}{l} \cosh x \equiv \dfrac{e^x + e^{-x}}{2} \\[3mm] \sinh x \equiv \dfrac{e^x - e^{-x}}{2} \end{array}\right\} \tag{17.18}$$

を用いて，式 (17.17) を書き換えると，

$$\left.\begin{array}{l} V(x) = V_0 \cosh \gamma x - Z_0 I_0 \sinh \gamma x \\[3mm] I(x) = -\dfrac{V_0}{Z_0} \sinh \gamma x + I_0 \cosh \gamma x \end{array}\right\} \tag{17.19}$$

と表すこともできる。式 (17.17) は右辺の各項が波を表しているので，線路上の電圧および電流の分布を考えやすい。一方，式 (17.19) は波の概念を表に出さずに，2 つの端子間電圧および電流を取り扱う二端子対の考えにおいて扱いやすい表現形態になっている。

式 (17.19) を 12 章で取り扱った F パラメータとして表すと，$\cosh^2 \theta - \sinh^2 \theta = 1$ を用いて

$$\begin{bmatrix} V_0 \\ I_0 \end{bmatrix} = \begin{bmatrix} \cosh \gamma x & Z_0 \sinh \gamma x \\[2mm] \dfrac{\sinh \gamma x}{Z_0} & \cosh \gamma x \end{bmatrix} \begin{bmatrix} V_x \\ I_x \end{bmatrix} \tag{17.20}$$

となる。ここで，各パラメータは次式で表される。

$$\left.\begin{array}{l} A = \cosh \gamma x \\[2mm] B = Z_0 \sinh \gamma x \\[2mm] C = \dfrac{\sinh \gamma x}{Z_0} \\[3mm] D = \cosh \gamma x \end{array}\right\} \tag{17.21}$$

17.3　伝搬定数と特性インピーダンス

17.3.1　伝搬定数

式 (17.11) で定義された γ は**伝搬定数**と呼ばれる。これを実数部と虚数部に分けて

$$\gamma = \sqrt{(R + j\omega L)(G + j\omega C)} = \alpha + j\beta, \quad \alpha \geq 0, \quad \beta \geq 0 \tag{17.22}$$

と書くとき，α を**減衰定数**，β を**位相定数**と呼んでいる。式 (17.22) を用いて，式 (17.7)，(17.13)，(17.15) より線路上の電圧と電流は

$$v(x, t) = V_1 e^{j(\omega t - \beta x)} e^{-\alpha x} + V_2 e^{j(\omega t + \beta x)} e^{\alpha x} \left.\vphantom{\frac{1}{Z_0}}\right\}$$

$$i(x, t) = \frac{1}{Z_0} \left[V_1 e^{j(\omega t - \beta x)} e^{-\alpha x} - V_2 e^{j(\omega t + \beta x)} e^{\alpha x} \right] \tag{17.23}$$

と表される。上式において $e^{j(\omega t - \beta x)}$ は，絶対値が1で，位相の位置や時間に対する変化を表している。いま，時刻 t における点 x の位相と，時刻 $t+dt$ における点 $x+dx$ の位相が等しいとすると，$\omega t - \beta x = \omega(t + dt) - \beta(x + dx)$ となる。したがって，

$$\frac{dx}{dt} = \frac{\omega}{\beta} \tag{17.24}$$

である。つまり，位相が等しい点は右方向に進行し，その速度は

$$v_p = \frac{\omega}{\beta} \tag{17.25}$$

である。v_p は**位相速度**と呼ばれる。式 (17.23) の第1項中の $e^{-\alpha x}$ は，波が進行方向に減衰することを表している。また，式 (17.23) の第2項中の $e^{j(\omega t + \beta x)}$ は，同一位相速度で左方向に進行する波を表し，$e^{\alpha x}$ は波が進行方向に減衰することを表している。また，波の**波長** λ は

$$\lambda = \frac{v_p}{f} = \frac{2\pi}{\beta} \tag{17.26}$$

である。

α, β を式 (17.22) から求めると，

$$\alpha = \left\{ \frac{1}{2} \sqrt{(R^2 + \omega^2 L^2)(G^2 + \omega^2 C^2)} - \frac{1}{2}(\omega^2 LC - RG) \right\}^{\frac{1}{2}} \left.\vphantom{\frac{1}{2}}\right\}$$

$$\beta = \left\{ \frac{1}{2} \sqrt{(R^2 + \omega^2 L^2)(G^2 + \omega^2 C^2)} + \frac{1}{2}(\omega^2 LC - RG) \right\}^{\frac{1}{2}} \tag{17.27}$$

で与えられるが，実際の線路では

$$R \ll \omega L, \ G \ll \omega C \tag{17.28}$$

なので，以下のように近似できる。

$$\alpha \approx \frac{R}{2}\sqrt{\frac{C}{L}} + \frac{G}{2}\sqrt{\frac{L}{C}} \left.\vphantom{\frac{R}{2}}\right\}$$

$$\beta \approx \omega\sqrt{LC} \tag{17.29}$$

17.3.2　特性インピーダンスと無ひずみ条件

特性インピーダンス Z_0 は式 (17.16) で与えられている。式 (17.28) に示した条件が成り立つとき，特性インピーダンスは

$$Z_0 = \sqrt{\frac{L}{C}} \left\{ 1 \mp j\frac{1}{2\omega}\left(\frac{R}{L} - \frac{G}{C}\right) \right\} \tag{17.30}$$

となる。ところで，回路の定数間に

$$\frac{L}{C} = \frac{R}{G} \tag{17.31}$$

の関係があると，式 (17.16)，(17.22) より

$$\left.\begin{array}{l} Z_0 = \sqrt{\dfrac{L}{C}} = \sqrt{\dfrac{R}{G}} \\[2mm] \alpha = \sqrt{RG}, \quad \beta = \omega\sqrt{LC} \\[2mm] v_p = \dfrac{1}{\sqrt{LC}} \end{array}\right\} \tag{17.32}$$

が得られる。これらの値はすべて周波数に無関係であるので，どのような周波数の波も同じ速さで伝わり，一様に減衰する。任意の波形の波はいろいろな周波数成分を持つ正弦波の和として表されるので，このことは，元の波が波形を変えないで線路を伝搬することを意味し，**無ひずみ条件**と呼ばれる。

17.3.3　無限長線路

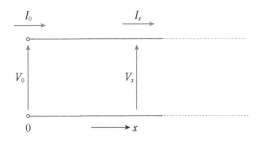

図17.4　無限長線路

図17.4 に示すような**無限長線路**で反射波が生じない線路では，式 (17.13)，(17.15) は $V_2 = 0$ より

$$V_x = V_0 e^{-\gamma x}$$
$$I_x = \frac{V_0}{Z_0} e^{-\gamma x} = I_0 e^{-\gamma x} \bigg\} \tag{17.33}$$

となる。したがって，線路のどの点でも $\dfrac{V_x}{I_x} = Z_0$ が成り立つ。線路を特性インピーダンス Z_0 で終端した場合は反射波が生じないので，このような無限長線路として取り扱うことができる。

例 17.1

図 17.5 の無限長線路において，波を送る送端に電圧 V_0 の電源が接続され，送端から 2 km の位置の電圧 V_1 が 200 V，3 km の位置の電圧 V_2 が 100 V，電流 I_0 が 10 A であった。このときの減衰定数 α，電源電圧 V_0 の絶対値，特性インピーダンス Z_0 を求める。

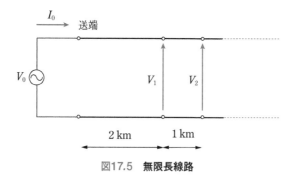

図17.5　無限長線路

無限長線路において，式 (17.33) より

$$V_1 = V_0 e^{-\gamma x} = V_0 e^{-2(\alpha+j\beta)} \quad \therefore |V_1| = |V_0| e^{-2\alpha} = 200 \bigg\}$$
$$|V_2| = |V_0| e^{-3\alpha} = 100$$

したがって，以下となる。

$$\alpha = \ln 2 \ \text{km}^{-1} = 0.69 \ \text{km}^{-1}, \quad |V_0| = 800 \ \text{V}, \quad |Z_0| = \left|\frac{V_0}{I_0}\right| = 80 \ \Omega$$

例17.2

図17.6 の**同軸ケーブル**は電気信号の伝送線路として最も一般的なものである。そこで，この同軸ケーブルの電気特性を求める。ここで，透磁率を μ，誘電率を ε とする。

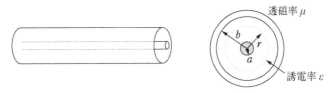

透磁率 μ

誘電率 ε

図17.6 同軸ケーブル

1) インダクタンス

円筒の内側の金属では電流 I が，外側の金属円筒では反対方向に電流 I が流れているとする。中心軸からの距離 r $(a < r < b)$ での磁束の強さは，**アンペールの法則**により

$$\oint_c B \cdot ds = 2\pi r \cdot B(r) = \mu I \quad \therefore B(r) = \frac{\mu I}{2\pi r} \tag{17.34}$$

である。単位長さあたりの**鎖交磁束数** Φ_m は半径 a から b までの空間を考えればよいので，

$$\Phi_m = \int_a^b B(r)\,dr = \frac{\mu I}{2\pi} \int_a^b \frac{1}{r}\,dr = \frac{\mu I}{2\pi} \ln\frac{b}{a} \tag{17.35}$$

となる。よって，インダクタンス L は

$$L = \frac{d\Phi_m}{dI} = \frac{\mu}{2\pi} \ln\frac{b}{a} \tag{17.36}$$

となる。 $\mu = \mu_0 = 4\pi \times 10^{-7}$ H/m, $b = 4.4$ mm, $a = 1.2$ mm を代入すると，単位長さあたりのインダクタンス L は $L = 2.6 \times 10^{-7}$ H/m となる。

2) 容量

円筒に単位長さあたり Q の電荷が蓄えられているとする。中心軸からの距離 r $(a < r < b)$ での電界の強さは，**ガウスの法則**により

$$\int_A D \cdot ndS = \varepsilon E(r) \cdot 2\pi r \Delta l = Q\Delta l \quad \therefore E(r) = \frac{Q}{2\pi \varepsilon r} \tag{17.37}$$

である。円筒間の電位差 V は

$$V = \phi(a) - \phi(b) = -\int_b^a E(r)\,dr = -\frac{Q}{2\pi\varepsilon}\int_b^a \frac{1}{r}\,dr = \frac{Q}{2\pi\varepsilon}\ln\frac{b}{a} \tag{17.38}$$

となるので，単位長さあたりの容量 C は

$$C = \frac{Q}{V} = \frac{2\pi\varepsilon}{\ln\dfrac{b}{a}} \tag{17.39}$$

となる。通常，使用されているポリエチレン同軸ケーブルの場合は被誘電率 ε_r が 2.3 であるので，容量 C は以下となる。

$$C = \frac{2\pi \times \varepsilon_r \times \varepsilon_0}{\ln\dfrac{4.4}{1.2}} = \frac{2\pi \times 2.3 \times 10^{-9}}{36\pi \times \ln\dfrac{4.4}{1.2}} = 9.83 \times 10^{-11}\,\text{F/m}$$

3) 特性インピーダンスと伝搬速度

特性インピーダンス Z_0 と伝搬速度 v_p は，式 (17.32) より

$$Z_0 = \sqrt{\frac{L}{C}} = \sqrt{\frac{2.6 \times 10^{-7}}{9.83 \times 10^{-11}}} \approx 51\,\Omega$$

$$v_p = \frac{1}{\sqrt{LC}} = \frac{1}{\sqrt{2.6 \times 10^{-7} \times 9.83 \times 10^{-11}}} = 1.98 \times 10^8\,\text{m/s}$$

となる。伝搬速度 v_p は光速の 2/3 程度である。

4) 抵抗

高周波信号では電流が金属の表面を流れ，円筒の中心軸では電流が流れなくなることにより抵抗が増加する**表皮効果**を考慮すると，抵抗は以下となる。

$$R\,[\Omega/\text{m}] = \left(\frac{1}{a} + \frac{1}{b}\right)\sqrt{\frac{\mu_0 f}{4\pi\sigma}} \tag{17.40}$$

ここで，f は周波数，σ は導体の導電率で，銅では 5.8×10^7 S/m である。周波数を 5 GHz とすると，抵抗は以下となる。

$$R = \left(\frac{1}{1.2 \times 10^{-3}} + \frac{1}{4.4 \times 10^{-3}}\right)\sqrt{\frac{4\pi \times 10^{-7} \times 5 \times 10^9}{4\pi \times 5.8 \times 10^7}} = 3.11\,\Omega/\text{m}$$

5) コンダクタンス

同軸ケーブルのコンダクタンスは絶縁材料の**誘電正接（誘電正切）** $\tan\delta$ で決まり，

次式で与えられる。

$$G = \tan\delta \cdot \omega C \tag{17.41}$$

ポリエチレンの $\tan\delta$ を 3×10^{-4}, 周波数を $5\,\text{GHz}$, 容量を $9.83\times10^{-11}\,\text{F/m}$ とすると, コンダクタンスは以下となる。

$$G = 3 \times 10^{-4} \times 2\pi \times 5 \times 10^{9} \times 9.83 \times 10^{-11} = 9.26 \times 10^{-4}\ \text{S/m}$$

6)　減衰定数

減衰定数は式 (17.29) より次式で与えられる。

$$\alpha \approx \frac{R}{2}\sqrt{\frac{C}{L}} + \frac{G}{2}\sqrt{\frac{L}{C}} \tag{17.42}$$

式 (17.42) に, これまで得られた値を代入すると, 減衰定数は

$$\alpha \approx \frac{R}{2}\sqrt{\frac{C}{L}} + \frac{G}{2}\sqrt{\frac{L}{C}} = \frac{3.11}{2}\sqrt{\frac{9.83 \times 10^{-11}}{2.6 \times 10^{-7}}} + \frac{9.26 \times 10^{-4}}{2}\sqrt{\frac{2.6 \times 10^{-7}}{9.83 \times 10^{-11}}}$$

$$= 0.03 + 0.024 = 0.054\ \text{Np/m}$$

となる。減衰量は $e^{-\alpha l}$ で表されるので $10\,\text{m}$ の同軸ケーブルで信号電圧は 0.6 程度まで減衰する。ここで Np は Neper 比率を表す。

17.4　無損失線路の時間応答

　ここまでは, 直列抵抗や並列コンダクタンスなどの損失がある場合を含めた一般的な分布定数回路について述べてきた。しかし計算が煩雑であり, 現象を直感的に捉えにくい。ここでは, 波動の透過や反射について述べるが, このためには直列抵抗や並列コンダクタンスなどの損失がない, **無損失線路**を取り扱うことにする。

17.4.1　無損失線路の電圧・電流方程式

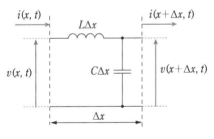

図17.7　無損失線路

無損失線路の微小区間での等価回路を図 17.7 に示す。この回路は図 17.2 に示した損失がある伝送線路から直列抵抗 $R\Delta x$，並列コンダクタンス $G\Delta x$ を取り除いたものであるので，式 (17.3)，(17.4) より

$$\left.\begin{aligned}
-\frac{\partial v\,(x,t)}{\partial x} &= L\frac{\partial i\,(x,t)}{\partial t} \\
-\frac{\partial i\,(x,t)}{\partial x} &= C\frac{\partial v\,(x,t)}{\partial t}
\end{aligned}\right\} \tag{17.43}$$

となり，電圧と電流は次の波動方程式で表される。

$$\left.\begin{aligned}
\frac{\partial^2 v\,(x,t)}{\partial x^2} &= LC\frac{\partial^2 v\,(x,t)}{\partial t^2} \\
\frac{\partial^2 i\,(x,t)}{\partial x^2} &= LC\frac{\partial^2 i\,(x,t)}{\partial t^2}
\end{aligned}\right\} \tag{17.44}$$

これまでは電圧および電流が時間 t に関して一定の角周波数で変化している場合を仮定し，$j\omega$ を用いて方程式を解いたが，時間領域で任意の波形の応答を求めるには過渡応答で使用したようなラプラス変換を用いる必要がある。したがって，式 (17.44) は次式に変換できる。

$$\left.\begin{aligned}
\frac{d^2 V(x,t)}{dx^2} &= s^2 LC V(x,s) \\
\frac{d^2 I(x,t)}{dx^2} &= s^2 LC I(x,s)
\end{aligned}\right\} \tag{17.45}$$

ここで

$$\left.\begin{aligned}
\mathcal{L}\{v\,(x,t)\} &= V(x,s) \\
\mathcal{L}\{i\,(x,t)\} &= I(x,s)
\end{aligned}\right\} \tag{17.46}$$

である。電圧に関する解はこれまで何回も出てきたので

$$V(x,s) = A\,(s)\,e^{-\beta(s)x} + B\,(s)\,e^{\beta(s)x} \tag{17.47}$$

と求められる。ここで

$$\beta\,(s) = s\sqrt{LC} \tag{17.48}$$

を意味する。したがって，$-\dfrac{\partial v\,(x,t)}{\partial x} = L\dfrac{\partial i\,(x,t)}{\partial t}$ より，

$$-\frac{dV(x, s)}{dx} = sLI(x, s) \tag{17.49}$$

となり，式 (17.47) より
$$\beta(s) A(s) e^{-\beta(s)x} - \beta(s) B(s) e^{\beta(s)x} = sLI(x, s) \tag{17.50}$$
電流について解き

$$I(x, s) = \frac{\beta(s)}{sL} \{A(s) e^{-\beta(s)x} - B(s) e^{\beta(s)x}\} \tag{17.51}$$

式 (17.48) を用いると，電流は

$$I(x, s) = \sqrt{\frac{C}{L}} \{A(s) e^{-\beta(s)x} - B(s) e^{\beta(s)x}\} \tag{17.52}$$

と求められる。まとめると，
$$\left.\begin{aligned}
V(x, s) &= A(s) e^{-\beta(s)x} + B(s) e^{\beta(s)x} \\
I(x, s) &= \sqrt{\frac{C}{L}} \{A(s) e^{-\beta(s)x} - B(s) e^{\beta(s)x}\}
\end{aligned}\right\} \tag{17.53}$$

となる。さらに，式 (17.32) から

$$Z_0 = \sqrt{\frac{L}{C}} \tag{17.54a}$$

$$\beta(s) = s\sqrt{LC} = \frac{s}{v_p} \tag{17.54b}$$

が得られる。これを用いると，式 (17.53) は
$$\left.\begin{aligned}
V(x, s) &= A(s) e^{-s\frac{x}{v_p}} + B(s) e^{s\frac{x}{v_p}} \\
I(x, s) &= \frac{1}{Z_0} \left(A(s) e^{-s\frac{x}{v_p}} - B(s) e^{s\frac{x}{v_p}}\right)
\end{aligned}\right\} \tag{17.55}$$
となる。以後は式 (17.55) の表記を用いることにする。

17.4.2　境界条件と一般解
　ラプラス変換を用いた伝送線路の電圧・電流方程式が求まったので，境界条件のもとで方程式を解いてみる。

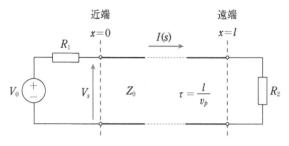

近端　遠端

図17.8　伝送線路の境界条件

　伝送線路の**境界条件**を図17.8に示す。長さ l で特性インピーダンス Z_0 の伝送線路に対し，電圧 V_0 が印加され，その信号源抵抗は R_1，長さが l 離れた点での終端抵抗を R_2 とする。また，駆動する側を**近端**，負荷になる側を**遠端**と呼ぶ。近端と遠端の境界条件から，

$$\left.\begin{array}{l} V = V_0 - R_1 I \quad (x = 0) \\ V = R_2 I \quad (x = l) \end{array}\right\} \tag{17.56}$$

したがって，式 (17.55) を用いて，$x=0$ のときの電圧と電流，$x=l$ のときの電圧と電流を求めると，

$$\left.\begin{array}{l} \left(1 + \dfrac{R_1}{Z_0}\right)A\,(s) + \left(1 - \dfrac{R_1}{Z_0}\right)B\,(s) = V_0 \\ \left(1 - \dfrac{R_2}{Z_0}\right)A\,(s)\,e^{-\tau s} + \left(1 + \dfrac{R_2}{Z_0}\right)B\,(s)\,e^{\tau s} = 0 \end{array}\right\} \tag{17.57}$$

となる。ここで，$\tau = \dfrac{l}{v_p}$ であり，τ は伝送線路の近端から遠端まで信号が伝わる時間を表す。次に，近端と遠端での**反射係数** r_1, r_2 を以下のように定義する。

$$\left.\begin{array}{l} r_1 = \dfrac{R_1 - Z_0}{R_1 + Z_0} \\ r_2 = \dfrac{R_2 - Z_0}{R_2 + Z_0} \end{array}\right\} \tag{17.58}$$

　これより式 (17.57) は

$$
\left.
\begin{aligned}
\frac{2}{1-r_1} A\,(s) - \frac{2r_1}{1-r_1} B\,(s) &= V_0 \\
-\frac{2r_2}{1-r_2} A\,(s)\, e^{-\tau s} + \frac{2}{1-r_2} B\,(s)\, e^{\tau s} &= 0
\end{aligned}
\right\}
\tag{17.59}
$$

となる。この連立方程式を $A(s), B(s)$ について解く。最初に $A(s)$ について解くと，

$$
A\,(s) = \frac{1}{1 - r_1 r_2 e^{-2\tau s}} \frac{(1-r_1)V_0}{2}
\tag{17.60}
$$

となる。このままでは使いにくいので，次のマクローリン展開を行う。

$$
\frac{1}{1-x} = 1 + x + x^2 + \cdots + x^\infty \quad (|x| < 1)
\tag{17.61}
$$

式 (17.58) より

$$
1 - r_1 = \frac{2Z_0}{R_1 + Z_0}
\tag{17.62}
$$

近端の電圧を V_s とし，

$$
V_s \equiv \frac{Z_0}{R_1 + Z_0} V_0
\tag{17.63}
$$

を用いると，式 (17.59) は，

$$
\left.
\begin{aligned}
A\,(s) &= V_s \sum_{n=0}^{\infty} (r_1 r_2 e^{-2\tau s})^n \\
B\,(s) &= V_s r_2 e^{-2\tau s} \sum_{n=0}^{\infty} (r_1 r_2 e^{-2\tau s})^n
\end{aligned}
\right\}
\tag{17.64}
$$

となる。

　次に，電圧 V_0 のステップ波 $u(t)$ が入力されたときの近端と遠端の電圧を求める。ステップ波 $u(t)$ のラプラス変換は $\frac{1}{s}$ であり，近端では $x = 0$ なので，式 (17.55), (17.64) より

$$
V_{x=0} = A\,(s) + B\,(s) = \frac{V_s}{s}\left(1 + r_2 e^{-2\tau s}\right) \sum_{n=0}^{\infty} (r_1 r_2 e^{-2\tau s})^n
\tag{17.65}
$$

この式を展開して，

$$V_{x=0} = \frac{V_s}{s} \left[1 + (1 + r_1)r_2 \left\{ e^{-2\tau s} + r_1 r_2 e^{-4\tau s} + (r_1 r_2)^2 e^{-6\tau s} + \cdots \right\} \right] \tag{17.66}$$

が得られる。ラプラス変換では以下の関係があり，$e^{-\tau s}$ は時間 τ の時間シフトを表すので，

$$F(s) e^{-\tau s} \Rightarrow f(t - \tau) \tag{17.67}$$

となる。式 (17.67) より時間応答は

$$V_{x=0} = V_s \left[u(t) + (1 + r_1)r_2 \left\{ u(t - 2\tau) + r_1 r_2 u(t - 4\tau) + (r_1 r_2)^2 u(t - 6\tau) + \cdots \right\} \right] \tag{17.68}$$

と求められる。したがって，近端での各タイミングでの電圧は

$$V(0, 0) = V_s \tag{17.69a}$$
$$V(0, 2\tau) = V_s \left\{ 1 + (1 + r_1)r_2 \right\} \tag{17.69b}$$
$$V(0, 4\tau) = V_s \left\{ 1 + (1 + r_1)r_2 (1 + r_1 r_2) \right\} \tag{17.69c}$$
$$V(0, 6\tau) = V_s \left[1 + (1 + r_1)r_2 \left\{ 1 + r_1 r_2 + (r_1 r_2)^2 \right\} \right] \tag{17.69d}$$

となる。

遠端では式 (17.55)，(17.64) より

$$
\begin{aligned}
V_{x=l} &= A(s) e^{-\tau s} + B(s) e^{\tau s} \\
&= V_s (1 + r_2) \left\{ e^{-\tau s} + r_1 r_2 e^{-3\tau s} + (r_1 r_2)^2 e^{-5\tau s} + \cdots \right\}
\end{aligned} \tag{17.70}
$$

時間応答は

$$V(l, t) = V_s (1 + r_2) \left\{ u(t - \tau) + r_1 r_2 u(t - 3\tau) + (r_1 r_2)^2 u(t - 5\tau) + \cdots \right\} \tag{17.71}$$

となる。したがって，遠端での各タイミングでの電圧は

$$v(l, 0) = 0 \tag{17.72a}$$
$$v(l, \tau) = V_s (1 + r_2) \tag{17.72b}$$
$$v(l, 3\tau) = V_s (1 + r_2)(1 + r_1 r_2) \tag{17.72c}$$
$$v(l, 5\tau) = V_s (1 + r_2) \left\{ 1 + r_1 r_2 + (r_1 r_2)^2 \right\} \tag{17.72d}$$

となる。

このような**多重反射**の解析には，図**17.9**に示す**格子線図**が便利である。左側の太い直線が近端を，右側の太い直線が遠端を表す。左側の数式が近端に現れる電圧を，右側の数式が遠端に現れる電圧を表す。中間にある数式は反射により伝送線路を往復する信号の電圧を表す。

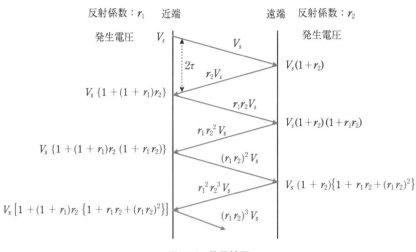

図17.9 格子線図

17.4.3 伝送線路の端面での波の反射と透過

ここで基本に立ち返って伝送線路の端面での波の反射と透過について考える。図17.10に示すように，伝送線路の特性インピーダンスを Z_0，伝送線路から見た外部抵抗を R とする。このような回路に**入射波** V_I, I_I が入射したときの**透過波**を V_T, I_T，**反射波**を V_R, I_R とする。

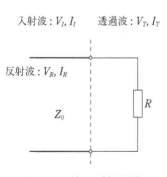

図17.10 波の反射と透過

点線で表した境界面では電圧と電流は以下の関係になる。

$$\left.\begin{array}{l} V_I + V_R = V_T \\ I_I - I_R = I_T \end{array}\right\} \tag{17.73}$$

一方

$$\left.\begin{array}{l} V_I = Z_0 I_I \\ V_R = Z_0 I_R \\ V_T = R I_T \end{array}\right\} \tag{17.74}$$

なので，これより

$$\frac{V_R}{V_I} = \frac{R - Z_0}{R + Z_0} = r \tag{17.75a}$$

$$\frac{V_T}{V_I} = \frac{2R}{R + Z_0} = 1 + r \tag{17.75b}$$

$$\frac{I_R}{I_I} = -\frac{R - Z_0}{R + Z_0} = -r \tag{17.75c}$$

$$\frac{I_T}{I_I} = \frac{2Z_0}{R + Z_0} = 1 - r \tag{17.75d}$$

が得られる。したがって，この結果から，

$$\left.\begin{array}{l} V_R = r V_I \\ V_T = (1 + r) V_I \end{array}\right\} \tag{17.76}$$

となり，反射波 V_R は入射波 V_I に対して反射係数 r を掛けたものになり，透過波 V_T は入射波 V_I に対して，反射係数 r に1を加えたものを掛けたものになる。この結果は，図17.9に示した格子線図と一致する。

　定性的に捉えると，伝送線路と負荷の境界面では，伝送線路側の電圧と負荷側の電圧は一致しなければならない。また境界面では，伝送線路側を流れる電流と負荷側を流れる電流は一致する必要がある。さらに，伝送線路側では電圧と電流の関係は特性インピーダンスを満足させる必要があり，同様に，負荷側では電圧と電流の関係は負荷抵抗や負荷インピーダンスを満足させる必要がある。伝送線路の特性インピーダンスと負荷抵抗が一致しているときは，これらの関係は問題なく満たすことができるが，伝送線路の特性インピーダンスと負荷抵抗が一致していない場合は，反射波がその調整役を果たし，以上の条件を満たすような機能を果たしていると捉えることができる。その結果として，反射係数や係数の極性が決まるといってよい。

　波の反射においては，以下の3つの条件を意識する必要がある。

1)　$r > 0$

これは $R > Z_0$, つまり伝送線路外のインピーダンスが伝送線路の特性インピーダンスよりも高い場合である。反射波 V_R は入射波 V_I と極性が等しい。また, 透過波 V_T は入射波 V_I よりも高くなり, 端子の電圧も入射波より高くなる。

2)　$r = 0$

これは $R = Z_0$, つまり伝送線路外のインピーダンスが伝送線路の特性インピーダンスと等しい場合である。反射波 V_R は生じない。また, 透過波 V_T は入射波 V_I と等しくなり, 端子の電圧も入射波と等しくなる。

3)　$r < 0$

これは $R < Z_0$, つまり伝送線路外のインピーダンスが伝送線路の特性インピーダンスよりも低い場合である。反射波 V_R は入射波 V_I に対して極性が反転する。また, 透過波 V_T は入射波 V_I よりも低くなり, 端子の電圧も入射波より低くなる。

17.4.4　さまざまな条件下での伝送波形

数式ばかりではピンとこないので, シミュレータを用いてさまざまな条件下での伝送波形を見てみる。図17.11 を用い, 特性インピーダンス Z_0 は 50 Ω, 片側の信号の伝送時間 τ を 1 ns とする。

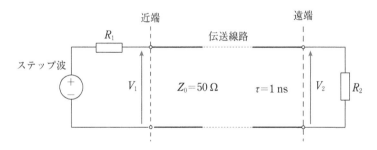

図17.11　シミュレーションする回路

(1) $R_1 = R_2 = 50\ \Omega$ の場合

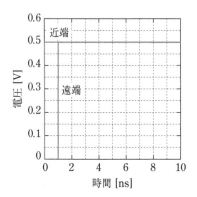

図17.12　$R_1 = R_2 = 50\ \Omega$の場合の伝送波形

　この場合は，近端も遠端もインピーダンス整合がとれている。図**17.12**に示すように，完全に整合し，反射波は生じない。1 ns後に遠端にステップ波が現れる。ただし，両側終端により，発生電圧は半分になっている。

(2) $R_1 = 50\ \Omega$, $R_2 = \infty$ の場合

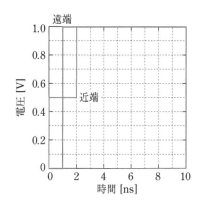

図17.13　$R_1 = 50\ \Omega, R_2 = \infty$の場合の伝送波形

　この場合は，図**17.13**に示すように，遠端の電圧は1 ns後に1.0 Vとなり，波形が上下に揺れる**リンギング**などの波形乱れは生じない。図**17.13**において，$R_1 = Z_0$なので，伝送線路を伝搬する信号の電圧 V_s は0.5 Vとなるが，遠端での反射係数は $r_2 = 1$ なので，$(1+r_2) = 2$ となり，入射波の2倍の電圧が現れる。入射波と同じ電圧の大きな反射波が生じ，近端に向かうが，近端ではインピーダンス整合がとれているので，$r_1 = 0$ となり，すべてのエネルギーが抵抗 R_1 に吸収され，伝送線路に戻る反射波は生じないため，遠端での波形乱れは生じない。よって，2τ における近端での発生電圧は $r_2 = 1$，$r_1 = 0$ において2倍の V_s となり，1 Vとなる。

(3) $R_1 = 10\ \Omega$，$R_2 = \infty$ の場合

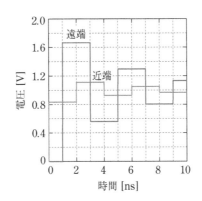

図17.14　$R_1 = 10\ \Omega$，$R_2 = \infty$の場合の伝送波形

　この場合は，信号源抵抗 R_1 が伝送線路の特性インピーダンス Z_0 よりも低い場合である。図**17.14**に示すように，波形が上下に揺れる特徴的な**リンギング**が発生する。参考になるところが多いので，以下で数値的に解析する。伝送線路を伝搬する電圧 V_s は $V_0 = 1.0$ Vより

$$V_s = \frac{Z_0}{R_1 + Z_0} V_0 = \frac{50}{10 + 50} V_0 = 0.83V_0 = 0.83\ \text{V} \tag{17.77}$$

遠端に達したときの遠端の発生電圧 $V(l, \tau)$ は $r_2 = 1$ より

$$V(l, \tau) = (1 + r_2)V_s = 2 \times 0.83 = 1.66\ \text{V} \tag{17.78}$$

となる。よって，遠端での反射波の電圧は $V_s = 0.83$ Vが2 nsで近端に達する。近端での反射係数 r_1 は

$$r_1 = \frac{R_1 - Z_0}{R_1 + Z_0} = -\frac{40}{60} = -0.67 \tag{17.79}$$

となる。したがって，近端の発生電圧 $V(0, 2\tau)$ は

$$V(0, 2\tau) = V_s + (1 + r_1)r_2 V_s = (1 + 1 - 0.67) \times 0.83 = 1.10 \text{ V} \tag{17.80}$$

となる。この波が近端で反射するので，その発生電圧 $V_s{}'$ は

$$V_s{}' = r_1 r_2 V_s = -0.67 \times 0.83 = -0.56 \text{ V} \tag{17.81}$$

この波が遠端に到達したときの電圧 $V(l, 3\tau)$ は

$$V(l, 3\tau) = (1 + r_2)(1 + r_1 r_2)V_s = 2(1 - 0.67) \times 0.83 = 0.54 \text{ V} \tag{17.82}$$

となり，r_1 の反射係数が負であるので，リンギングのような上下動を繰り返して，やがて 1 V に収束していく。これは信号源抵抗が特性インピーダンスよりも低い場合に生じる。リンギングが生じると信号が収束するまで待つ必要があり，伝送速度はかえって劣化するので注意すべき現象である。

　回路が分布定数回路ではなく RC 回路の場合は，信号源抵抗が低いほど高速に信号が伝送される。しかし，分布定数回路で最も高速に信号が伝送されるのは，出力抵抗が特性インピーダンスに等しいときである。

(4) $R_1 = 100\ \Omega$，$R_2 = \infty$ の場合

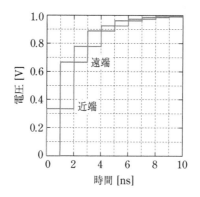

図17.15　$R_1 = 100\ \Omega$，$R_2 = \infty$ の場合の伝送波形

　この場合は，信号源抵抗 R_1 が伝送線路の特性インピーダンス Z_0 よりも高い場合である。図17.15に示すように，RC 積分回路の応答のように信号源電圧に漸近する。伝送線路を伝搬する電圧 V_s は

$$V_s = \frac{Z_0}{R_1 + Z_0} V_0 = \frac{50}{100 + 50} V_0 = 0.33 V_0 = 0.33 \text{ V} \tag{17.83}$$

反射係数 r_1, r_2 は

$$r_1 = \frac{R_1 - Z_0}{R_1 + Z_0} = \frac{50}{150} = 0.33, \ r_2 = 1 \tag{17.84}$$

したがって，最初の遠端で発生する電圧 $V(l, \tau)$ は

$$V(l, \tau) = (1 + r_2)V_s = 2 \times 0.33 = 0.66 \text{ V} \tag{17.85}$$

2τ 時点での近端の発生電圧 $V(0, 2\tau)$ は

$$V(0, 2\tau) = V_s + (1 + r_1)r_2 V_s = (1 + 1 + 0.33) \times 0.33 = 0.77 \text{ V} \tag{17.86}$$

この波が近端で反射し，その電圧 V_s' は

$$V_s' = r_1 r_2 V_s = 0.33 \times 0.33 = 0.11 \text{ V} \tag{17.87}$$

この波が遠端に到達したときの電圧 $V(l, 3\tau)$ は

$$V(l, 3\tau) = (1 + r_2)(1 + r_1 r_2)V_s = 2(1 + 0.33) \times 0.33 = 0.88 \text{ V} \tag{17.88}$$

となり，V_0 である 1 V に漸近する。この場合は収束が遅く，伝送速度が劣化する。

例17.3

図17.16は典型的な伝送線路の境界例を示している。(a) は特性インピーダンスが異なる線路を接続する場合，(b) はさらに境界点において並列抵抗が存在する場合，(c) は境界点において直列抵抗が存在する場合である。1 V の電圧 V_1 が点 a に入射するとき，1) 反射係数 r, 2) 入射電流 I_1, 3) 反射電圧 V_1', 4) 反射電流 I_1', 5) 透過電圧 V_2, 6) 透過電流 I_2 をそれぞれの場合で求める。

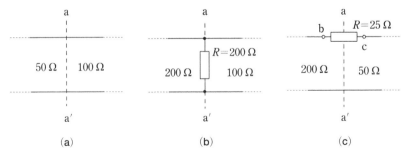

図17.16　伝送線路の境界例

(a) の場合

1) 反射係数 r : $r = \dfrac{Z_{02} - Z_{01}}{Z_{02} + Z_{01}} = \dfrac{100 - 50}{100 + 50} = \dfrac{1}{3}$

2) 入射電流 I_1 : $I_1 = \dfrac{V_1}{Z_{01}} = \dfrac{1}{50} = 20\,\text{mA}$

3) 反射電圧 $V_1{}'$: $V_1{}' = rV_1 = \dfrac{1}{3} \approx 330\,\text{mV}$

4) 反射電流 $I_1{}'$: $I_1{}' = rI_1 = \dfrac{20}{3} \approx 6.67\,\text{mA}$ （$I_1{}' = \dfrac{V_1{}'}{Z_{01}}$ を用いてもよい）

5) 透過電圧 V_2 : $V_2 = V_1 + V_1{}' = (1 + r)V_1 = 1 + \dfrac{1}{3} = 1.33\,\text{V}$

6) 透過電流 I_2 : $I_2 = I_1 - I_1{}' = (1 - r)I_1 = \left(1 - \dfrac{1}{3}\right) \times 20 = 13.3\,\text{mA}$

$$\left(I_2 = \dfrac{V_2}{Z_{02}} \text{ を用いてもよい}\right)$$

(b) の場合

a-a′ 端から右を見たインピーダンス $Z_{02}{}'$ は，特性インピーダンス Z_{02} と抵抗 R が並列接続されたものと考えてよいので，以下となる。

$$Z_{02}{}' = 100 // 200 = 66.7\,\Omega$$

1) 反射係数 r : $r = \dfrac{Z_{02}{}' - Z_{01}}{Z_{02}{}' + Z_{01}} = \dfrac{66.7 - 200}{66.7 + 200} \approx -0.5$

2) 入射電流 I_1 : $I_1 = \dfrac{V_1}{Z_{01}} = \dfrac{1}{200} = 5\,\text{mA}$

3) 反射電圧 $V_1{}'$: $V_1{}' = rV_1 \approx -500\,\text{mV}$

4) 反射電流 $I_1{}'$: $I_1{}' = rI_1 = -2.5\,\text{mA}$

5) 透過電圧 V_2 : $V_2 = V_1 + V_1{}' = (1 + r)V_1 = 1 - 0.5 = 0.5\,\text{V}$

6) 透過電流 I_2 : $I_2 = I_1 - I_1{}' = (1 - r)I_1 = (1 + 0.5) \times 5 = 7.5\,\text{mA}$

(c) の場合

a-a′ 端から右を見たインピーダンス $Z_{02}{}'$ は，特性インピーダンス Z_{02} と抵抗 R が直列接続されたものと考えてよいので，以下となる。

$$Z_{02}{}' = 50 + 25 = 75\,\Omega$$

1)　反射係数 r： $r = \dfrac{Z_{02}' - Z_{01}}{Z_{02}' + Z_{01}} = \dfrac{75 - 200}{75 + 200} \approx -0.46$

2)　入射電流 I_1： $I_1 = \dfrac{V_1}{Z_{01}} = \dfrac{1}{200} = 5\,\text{mA}$

3)　反射電圧 V_1'： $V_1' = rV_1 \approx -460\,\text{mV}$

4)　反射電流 I_1'： $I_1' = rI_1 = -2.3\,\text{mA}$

5)　透過電圧 V_2： $V_2 = (V_1 + V_1')\dfrac{Z_{02}}{Z_{02}'} = (1 + r)V_1 \dfrac{Z_{02}}{Z_{02}'} = (1 - 0.46)\dfrac{50}{75} = 360\,\text{mV}$

6)　透過電流 I_2： $I_2 = \dfrac{V_2}{Z_{02}} = \dfrac{360}{50} = 7.2\,\text{mA}$

17.5　分布 *RC* 回路

　線路の抵抗が大きく，インダクタ成分を無視できるときは線路を図**17.17**に示す**分布 *RC* 回路**として取り扱うことができる。例えば，集積回路における配線は，通常分布 *RC* 回路として取り扱う。

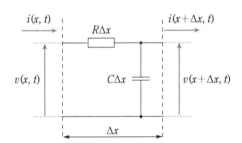

図17.17　分布*RC*回路の微小区間でΔxの等価回路

キルヒホッフの電圧則と電流則により，

$$\left.\begin{array}{l} -\dfrac{\partial v(x, t)}{\partial x} = Ri(x, t) \\[2mm] -\dfrac{\partial i(x, t)}{\partial x} = C\dfrac{\partial v(x, t)}{\partial t} \end{array}\right\}$$
(17.89)

が得られ，電圧と電流は次式で表される。

$$\left.\begin{array}{l} \dfrac{\partial^2 v(x,t)}{\partial x^2} = RC \dfrac{\partial v(x,t)}{\partial t} \\[3mm] \dfrac{\partial^2 i(x,t)}{\partial x^2} = RC \dfrac{\partial i(x,t)}{\partial t} \end{array}\right\} \tag{17.90}$$

さらに，ラプラス変換すると以下となる。

$$\left.\begin{array}{l} \dfrac{d^2 V(x,t)}{dx^2} = sRCV(x,s) \\[3mm] \dfrac{d^2 I(x,t)}{dx^2} = sRCI(x,s) \end{array}\right\} \tag{17.91}$$

電圧 $V(x,s)$ は
$$V(x,s) = V_1 e^{-\sqrt{RCs}x} + V_2 e^{\sqrt{RCs}x} \tag{17.92}$$
式 (17.89) の第2式をラプラス変換し，これに式 (17.92) を代入すると，

$$-\frac{\partial I(x,s)}{\partial x} = Cs\left(V_1 e^{-\sqrt{RCs}x} + V_2 e^{\sqrt{RCs}x}\right) \tag{17.93}$$

したがって，電流は

$$I(x,s) = -Cs\left(-\frac{V_1}{\sqrt{RCs}}e^{-\sqrt{RCs}x} + \frac{V_2}{\sqrt{RCs}}e^{\sqrt{RCs}x}\right) + I_0 \tag{17.94}$$

よって，$I(x,s)$ と $V(x,s)$ は同じ形の微分方程式を満足するので $I_0 = 0$ である。これより

$$I(x,s) = \sqrt{\frac{Cs}{R}}\left(V_1 e^{-\sqrt{RCs}x} - V_2 e^{\sqrt{RCs}x}\right) \tag{17.95}$$

いま，半無限長線路の一端 $x=0$ に $f(t) = \mathcal{L}^{-1}\{F(s)\}$ の信号を加えたとする。$x = \infty$ で減衰して電圧は0になるので，$V_1 = F(s), V_2 = 0$ である。したがって，電圧と電流は

$$\left.\begin{array}{l} V(x,s) = F(s)e^{-\sqrt{RCs}x} \\[3mm] I(x,s) = \sqrt{\dfrac{Cs}{R}}F(s)e^{-\sqrt{RCs}x} \end{array}\right\} \tag{17.96}$$

となる。ここで，電圧 V_s のステップ波を加えたときの応答を考える。この場合は式 (17.96) の電流は

$$I(x, s) = V_s \sqrt{\frac{C}{Rs}}\, e^{-\sqrt{RCs}\,x} \tag{17.97}$$

となり，ラプラス逆変換

$$\mathcal{L}^{-1}\left\{\frac{1}{\sqrt{s}}\, e^{-a\sqrt{s}}\right\} = \frac{1}{\sqrt{\pi t}}\, e^{-\frac{a^2}{4t}} \tag{17.98}$$

が公式としてあるので，これを用いると，電流 $I(x, t)$ は

$$I(x, t) = V_s \sqrt{\frac{C}{\pi Rt}}\, e^{-\frac{RC}{4t}x^2} \tag{17.99}$$

となる。これを式 (17.89) の第 1 式に代入して

$$V(x, t) = -V_s \sqrt{\frac{RC}{\pi t}} \int_0^x e^{-\frac{RC}{4t}x^2}\, dx + V_0 \tag{17.100}$$

より，$x = 0$ で $V(0, t) = V_s$ なので $V_0 = V_s$ となる。したがって，

$$V(x, t) = V_s \left(1 - \sqrt{\frac{RC}{\pi t}} \int_0^x e^{-\frac{RC}{4t}x^2}\, dx\right) = V_s \left(1 - \frac{1}{\sqrt{\pi}} \int_0^{\sqrt{\frac{RC}{4t}}x} e^{-y^2}\, dy\right)$$
$$= V_s \left\{1 - \mathrm{erf}\left(\sqrt{\frac{RC}{4t}}\, x\right)\right\} \tag{17.101}$$

ここで，$\dfrac{4t}{RCx^2} = \tau$ とおくと，電圧と電流は

$$\left.\begin{aligned} V(\tau) &= V_s \left\{1 - \mathrm{erf}\left(\frac{1}{\sqrt{\tau}}\right)\right\} = V_s\, \mathrm{erfc}\left(\frac{1}{\sqrt{\tau}}\right) \\ I(\tau) &= V_s \frac{2}{Rx\sqrt{\pi\tau}}\, e^{-\frac{1}{\tau}} \end{aligned}\right\} \tag{17.102}$$

となる。ここで，誤差関数 $\mathrm{erf}(x) = \dfrac{2}{\sqrt{\pi}} \displaystyle\int_0^x e^{-t^2}\, dt$，相補誤差関数 $\mathrm{erfc}(x) = 1 - \mathrm{erf}(x)$
$= \dfrac{2}{\sqrt{\pi}} \displaystyle\int_x^\infty e^{-t^2}\, dt$ である。

　次に，終端を開放した長さ l の有限長の RC 分布回路に，電圧 V_s のステップ波を加えたときの応答を考える。$x = 0$ で $V = V_s/s$，$x = l$ で $I = 0$ という境界条件を電圧と電流に与える。式 (17.92)，(17.95) より

$$V_1 + V_2 = \frac{V_s}{s} \left.\vphantom{\begin{matrix}1\\1\end{matrix}}\right\}$$
$$- V_1 e^{\sqrt{RCs}l} + V_2 e^{-\sqrt{RCs}l} = 0$$

(17.103)

$$V_1 = \frac{V_s e^{-\sqrt{RCs}l}}{2s \cosh\left(\sqrt{RCs}\, l\right)} \left.\vphantom{\begin{matrix}1\\1\\1\\1\end{matrix}}\right\}$$
$$V_2 = \frac{V_s e^{\sqrt{RCs}l}}{2s \cosh\left(\sqrt{RCs}\, l\right)}$$

(17.104)

これを式 (17.92) に代入して

$$
\begin{aligned}
V(x, s) &= \frac{V_s}{2s \cosh\left(\sqrt{RCs}\, l\right)} \left(e^{\sqrt{RCs}(x-l)} + e^{-\sqrt{RCs}(x-l)}\right) \\
&= \frac{V_s \cosh\left(\sqrt{RCs}\,(l-x)\right)}{2s \cosh\left(\sqrt{RCs}\, l\right)} = \frac{M(s)}{sN(s)}
\end{aligned}
$$

(17.105)

同様に，式 (17.104) を式 (17.95) に代入して

$$I(x, s) = V_s \sqrt{\frac{C}{sR}} \frac{\sinh\left(\sqrt{RCs}\,(l-x)\right)}{\cosh\left(\sqrt{RCs}\, l\right)}$$

(17.106)

を得る。式 (17.105) において，ポールを p_n とすると，

$$\sqrt{RCp_n}\, l = j\frac{2n-1}{2l}\pi \quad (n = 1, 2, \cdots)$$

$$\therefore p_n = -\frac{(2n-1)^2 \pi^2}{4RCl^2} \quad (n = 1, 2, \cdots)$$

(17.107)

となり，重根はないので，

$$V(x, s) = \frac{M(s)}{sN(s)} = \frac{V_s}{s} + \sum_{n=1}^{\infty} \frac{M(p_n)}{p_n \left|\dfrac{dN(s)}{ds}\right|_{s=p_n}} \cdot \frac{1}{s - p_n}$$

(17.108)

$$
\begin{aligned}
\left|\frac{dN(s)}{ds}\right|_{s=p_n} &= \frac{\sqrt{RCl}}{2\sqrt{p_n}} \sinh\left(\sqrt{RCp_n}\, l\right) = \frac{RCl^2}{j(2n-1)\pi} \sinh\left(j\frac{2n-1}{2}\pi\right) \\
&= \frac{RCl^2}{(2n-1)\pi} \sin\left(\frac{2n-1}{2}\pi\right) = (-1)^n \frac{RCl^2}{(2n-1)\pi}
\end{aligned}
$$

(17.109)

$$M\,(p_n) = V_s \cosh\left\{j\frac{2n-1}{2}\pi\left(\frac{l-x}{l}\right)\right\} = V_s \cos\left\{\frac{2n-1}{2}\pi\left(\frac{l-x}{l}\right)\right\}$$

$$= (-1)^n \sin\left(\frac{2n-1}{2l}\pi x\right) \tag{17.110}$$

したがって，式 (17.108) をラプラス逆変換して

$$V\,(x, t) = V_s\left[1 - \frac{4}{\pi}\sum_{n=1}^{\infty}\frac{1}{2n-1}e^{-\frac{(2n-1)^2\pi^2}{4RCl^2}t}\sin\left((2n-1)\pi\frac{x}{2l}\right)\right] \tag{17.111}$$

同様に，電流も

$$I\,(x, t) = \frac{2V_s}{Rl}\sum_{n=1}^{\infty}e^{-\frac{(2n-1)^2\pi^2}{4RCl^2}t}\cos\left(\frac{2n-1}{2}\pi x\right) \tag{17.112}$$

と求められる。

例 17.4

図 17.18 のように，長さ l，単位長さあたりの抵抗 R_u および単位長さあたりの容量 C_u の分布 RC 回路にステップ波を加えるときの応答を求める。ただし，長さ l は 5 mm，$R_u = 200\,\Omega/\mathrm{mm}$，$C_u = 10\,\mathrm{pF/mm}$ とする。

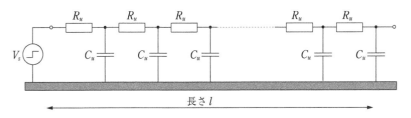

図 17.18　**分布 RC 回路**

終点と中間点の応答波形を求める。終点の発生電圧は式 (17.111) において $x = l$ であるので，式 (17.111) は次のようになる。

$$V\,(l, t) = V_s\left[1 - \frac{4}{\pi}\sum_{n=1}^{\infty}\frac{1}{2n-1}e^{-\frac{(2n-1)^2\pi^2}{4R_u C_u l^2}t}\sin\left(\left(n-\frac{1}{2}\right)\pi\right)\right]$$

$$= V_s\left[1 + \frac{4}{\pi}\sum_{n=1}^{\infty}\frac{(-1)^n}{2n-1}e^{-\frac{(2n-1)^2\pi^2}{4R_u C_u l^2}t}\right] \tag{17.113}$$

ここで，実効的な時定数 τ_e を以下のように定義する。

$$\tau_e = \frac{4 R_u C_u l^2}{\pi^2} \tag{17.114}$$

この実効時定数 τ_e を用いると，式 (17.113) は

$$V(l, t) = V_s \left[1 + \frac{4}{\pi} \sum_{n=1}^{\infty} \frac{(-1)^n}{2n-1} e^{-\frac{(2n-1)^2}{\tau_e} t} \right] \tag{17.115}$$

となる。

次に，中間点の応答を求める。式 (17.111) より

$$V(l/2, t) = V_s \left[1 - \frac{4}{\pi} \sum_{n=1}^{\infty} \frac{1}{2n-1} e^{-\frac{(2n-1)^2 \pi^2}{4 R_u C_u l^2} t} \sin\left(\left(\frac{n}{2} - \frac{1}{4} \right) \pi \right) \right] \tag{17.116}$$

実効時定数 τ_e を用いると，

$$V(l/2, t) = V_s \left[1 - \frac{4}{\pi} \sum_{n=1}^{\infty} \frac{1}{2n-1} e^{-\frac{(2n-1)^2}{\tau_e} t} \sin\left(\left(\frac{n}{2} - \frac{1}{4} \right) \pi \right) \right] \tag{17.117}$$

となる。

式 (17.114) に R_u, C_u, l を代入すると，実効時定数 τ_e は 20 ns になる。終点および中間点でのステップ応答を図**17.19**に示す。終点では信号の遅延があり，上昇速度も遅い。終値の半分の電圧までの遅延時間は式 (17.114) に示した実効時定数 τ_e にほぼ等しい。

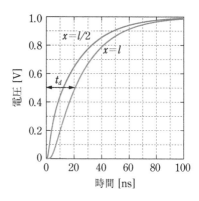

図**17.19　分布RC回路のステップ応答**

COLUMN　数学と物理

　数学的な演算が物理的な意味を与えてくれることもある。例えば，式 (1) は伝送線路の近端と遠端における信号波形を求める方程式である。

$$\left.\begin{aligned} \frac{2}{1-r_1}A(s) - \frac{2r_1}{1-r_1}B(s) &= V_0 \\ -\frac{2r_2}{1-r_2}A(s)e^{-\tau s} + \frac{2}{1-r_2}B(s)e^{\tau s} &= 0 \end{aligned}\right\} \tag{1}$$

この連立方程式を解いて $A(s), B(s)$ を求めるわけであるが，$A(s)$ は

$$A(s) = \frac{1}{1 - r_1 r_2 e^{-2\tau s}}\frac{(1-r_1)V_0}{2} \tag{2}$$

と求まるが，このままでは使いにくいので

$$\frac{1}{1-x} = 1 + x + x^2 + \cdots + x^{\infty} \quad (|x| < 1) \tag{3}$$

の級数展開を行った。こうして $A(s), B(s)$ は

$$\left.\begin{aligned} A(s) &= V_s \sum_{n=0}^{\infty}(r_1 r_2 e^{-2\tau s})^n \\ B(s) &= V_s r_2 e^{-2\tau s}\sum_{n=0}^{\infty}(r_1 r_2 e^{-2\tau s})^n \end{aligned}\right\} \tag{4}$$

と求まる。近端の電圧は

$$V_{x=0} = A(s) + B(s) = \frac{V_s}{s}(1 + r_2 e^{-2\tau s})\sum_{n=0}^{\infty}(r_1 r_2 e^{-2\tau s})^n \tag{5}$$

となるので，ラプラス逆変換を用いて時間領域の関数を求めると，

$$V_{x=0} = V_s\left[u(t) + (1+r_1)r_2\left\{u(t-2\tau) + r_1 r_2 u(t-4\tau) + (r_1 r_2)^2 u(t-6\tau) + \cdots\right\}\right] \tag{6}$$

となる。近端の電圧は最初の駆動電圧 V_s と遠端で反射してきた信号が近端で反射し，さらに遠端に進行し，遠端で反射する動作をくり返すことを示している。

　式 (3) は数学的な操作により級数に展開したものであるが，級数の各項が各波動という観測可能な物理現象を表しているのは大変興味深い。このように，数式とそれが表す物理現象を対比することにより，本質的な現象の理解が促進される。

● 演習問題

17.1 伝送線路の直列インピーダンスZと並列アドミッタンスYが以下の値を持つとき，特性インピーダンスZ_0，減衰定数α，位相定数βを求めよ。

$$Z = 0.05 + j0.6\,[\Omega/\mathrm{km}]$$
$$Y = j0.42 \times 10^{-7}\,[\mathrm{S/km}]$$

17.2 伝送線路において，無ひずみ条件$\dfrac{L}{C} = \dfrac{R}{G}$が成り立っている。$R = 0.05\ \Omega/\mathrm{m}$，特性インピーダンス$Z_0 = 100\ \Omega$のとき，この線路の減衰定数$\alpha$を求めよ。

17.3 図問17.1の有限長線路において，線路長$d = 3\mathrm{m}$，$Z_0 = 50\ \Omega$，$\alpha = 0$，$\beta = \pi/6\,\mathrm{rad/m}$ のときのFパラメータを求めよ。

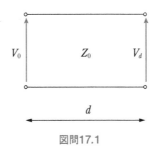

図問17.1

17.4 図問17.2(a)の伝送線路を，図問17.2(b)のT型等価回路に変換せよ。

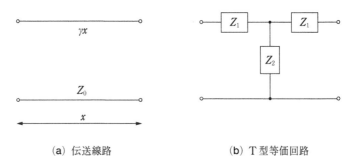

(a) 伝送線路　　　　　　　(b) T型等価回路

図問17.2

17.5 図問17.3の伝送線路において，特性インピーダンスZ_0は50Ω，近端から遠端までの信号遅延時間τは1ns，ステップ波の電圧は1Vとするとき，以下の問いに答えよ。

(1) $R_1 = 10\,\Omega$，$R_2 = 100\,\Omega$のときの0～6nsまでの遠端と近端の波形を求めよ。

(2) $R_1 = 100\,\Omega$，$R_2 = 100\,\Omega$のときの0～6nsまでの遠端と近端の波形を求めよ。

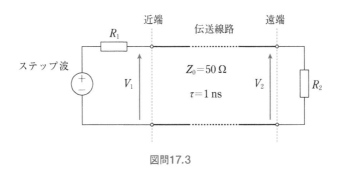

図問17.3

・**分布定数回路**：分布定数回路は，抵抗，インダクタンス，容量が伝送線路に沿って分布している回路で，信号は波動の性質を持つ。微小区間におけるキルヒホッフの法則を解くことによって，伝搬方程式を得ることができる。

・**分布定数回路のパラメータ**：分布定数回路では，回路の特性を表す伝搬定数と特性インピーダンスが重要である。伝搬定数は，波動が伝搬する速度である位相定数 β と，進行により減衰する減衰定数 α からなる。また，位相の進行速度 v_p は，信号の角周波数 ω を位相定数 β で割った $v_p = \omega/\beta$ で与えられ，波長 λ は位相定数 β に反比例し，$\lambda = 2\pi/\beta$ で与えられる。

・**特性インピーダンス**：無損失線路の特性インピーダンスは $Z_0 = \sqrt{\dfrac{L}{C}}$ で与えられ，位相定数は $\beta = \omega\sqrt{LC}$ で与えられる。位相速度は $v_p = \dfrac{1}{\sqrt{LC}}$，波長は $\lambda = \dfrac{v_p}{f}$ である。

・**伝送線路の基本方程式**：図のような線路があるとき，距離が x 離れた点の電圧と電流は，以下の線路の基本方程式で表される。

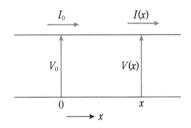

$$V(x) = \frac{1}{2}(V_0 + Z_0 I_0)e^{-\gamma x} + \frac{1}{2}(V_0 - Z_0 I_0)e^{\gamma x} \left.\right\}$$

$$I(x) = \frac{1}{2}\frac{1}{Z_0}(V_0 + Z_0 I_0)e^{-\gamma x} - \frac{1}{2}\frac{1}{Z_0}(V_0 - Z_0 I_0)e^{\gamma x}$$

もしくは

$$V(x) = V_0 \cosh \gamma x - Z_0 I_0 \sinh \gamma x$$
$$I(x) = -\frac{V_0}{Z_0} \sinh \gamma x + I_0 \cosh \gamma x$$

ここで $\gamma = \sqrt{(R + j\omega L)(G + j\omega C)}$ である。

・無ひずみ条件：回路の定数間に $\frac{L}{C} = \frac{R}{G}$ の関係があると，線路のパラメータは周波数依存を持たないので，信号は波形を変えないで線路を伝搬できる。

・波の反射と透過：伝送線路の端面では，異なる伝送線路の特性インピーダンスや接続される負荷インピーダンスの違いにより波の反射と透過が発生する。伝送線路の端面では2つの領域の電圧が同一で，電流が連続，それぞれの領域の特性インピーダンスもしくは負荷インピーダンスが満たされる必要があり，主として反射波がその調節を担う。

・反射係数：伝送線路の特性インピーダンスを Z_0，伝送線路から見た外部抵抗を R とするとき，反射係数は $r = \frac{R - Z_0}{R + Z_0}$ で与えられる。入射波の電圧を V_I とするとき，反射波の電圧は $V_R = r V_I$，透過波の電圧は $V_T = (1 + r)V_I$ で与えられる。

・反射係数と格子線図：伝送線路では，近端および遠端で波の反射と透過が発生する。その大きさは近端および遠端の反射係数 r_1, r_2 の関数になる。その様子は格子線図で表される。

・反射による電圧の変化：反射による電圧の変化は反射係数 r の極性に依存する。$r > 0$ の場合，端子電圧は入射波に加算されて増加する。$r = 0$ の場合，反射波は生じない。$r < 0$ の場合，端子電圧は入射波に逆極性で加算され減少する。

・分布 RC 回路：分布 RC 回路では，距離が長くなるほどその2乗に比例して遅延時間が長くなる。

第18章

分布定数回路 (2)　〜周波数領域でのふるまい

　17章では，分布定数回路の基礎と，波動としての反射や透過について述べた。本章では，周波数領域でのふるまいについて述べる。信号が伝送線路を伝搬する場合は，信号が一定の速度で伝搬するだけでなく，信号の反射が生じることがある。信号の反射が生じると**定在波**が発生し，波がその場で振動するように見える現象が生じ，周波数（波長）によってある点のインピーダンスが誘導性になったり容量性になったりする特異な現象が生じる。この現象を用いて，インピーダンス変換を行うことができるようになる。

　波の反射係数の絶対値が 1 以下であることを用いて，0 〜 ∞ のインピーダンスやアドミッタンスを半径 1 の円に写像したものがスミスチャートである。スミスチャートを用いることで，広い範囲でインピーダンスやアドミッタンスを表示できるほか，図式的にインピーダンス整合をとることができる。スミスチャートは高周波回路の特性の把握にとって非常に便利なので今後も使用される。そこで，スミスチャートの簡単な原理と利用方法についても述べる。

18.1　基本方程式

　周波数領域で使用する伝送線路は，インダクタ L と容量 C の無損失の分布定数回路を前提としている。図17.7に示した無損失の分布定数回路の等価回路を図18.1 に示す。周波数領域での使用に適した電圧電流式を求める。

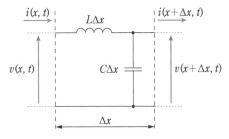

図18.1　伝送線路のΔxでの等価回路

この回路の偏微分方程式は，式 (17.44) ですでに求めた。

$$
\left.
\begin{array}{l}
\dfrac{\partial^2 v(x,t)}{\partial x^2} = LC\dfrac{\partial^2 v(x,t)}{\partial t^2} \\[3mm]
\dfrac{\partial^2 i(x,t)}{\partial x^2} = LC\dfrac{\partial^2 i(x,t)}{\partial t^2}
\end{array}
\right\}
$$
(17.44 再掲)

これは，以下のような電圧と電流に対する波動方程式を表している。

$$
\left.
\begin{array}{l}
v(x,t) = V(x)\,e^{j\omega t} \\[2mm]
i(x,t) = I(x)\,e^{j\omega t}
\end{array}
\right\}
$$
(17.7 再掲)

これを式 (17.44) に代入すると，

$$
\left.
\begin{array}{l}
\dfrac{\partial^2 v(x)}{\partial x^2} = \gamma^2 v(x) \\[3mm]
\dfrac{\partial^2 i(x)}{\partial x^2} = \gamma^2 i(x)
\end{array}
\right\}
$$
(18.1)

となる。ただし，
$$
\gamma = j\omega\sqrt{LC}
$$
(18.2)
である。式 (18.1) の電圧 $v(x)$ に対する解は
$$
v(x) = V_1 e^{-\gamma x} + V_2 e^{\gamma x}
$$
(18.3)
である。ここで，式の第1項は右向き（$+x$ 方向）の進行波，第2項は左向き（$-x$ 方向）の進行波を表している。電流 $i(x)$ は式 (17.43) より

$$
-\frac{\partial v(x)}{\partial x} = V_1 \gamma e^{-\gamma x} - V_2 \gamma e^{\gamma x} = L\frac{\partial i(t)}{\partial t} = j\omega L i(x)
$$
(18.4)

したがって，

$$
i(x) = V_1 \frac{\gamma}{j\omega L} e^{-\gamma x} - V_2 \frac{\gamma}{j\omega L} e^{\gamma x}
$$
(18.5)

である。ここで，式 (18.2) より式 (18.5) は

$$
\begin{aligned}
i(x) &= V_1 \frac{j\omega\sqrt{LC}}{j\omega L} e^{-\gamma x} - V_2 \frac{j\omega\sqrt{LC}}{j\omega L} e^{\gamma x} = \sqrt{\frac{C}{L}}\left(V_1 e^{-\gamma x} - V_2 e^{\gamma x}\right) \\
&= \frac{1}{Z_0}\left(V_1 e^{-\gamma x} - V_2 e^{\gamma x}\right)
\end{aligned}
$$
(18.6)

となる。ここで式 (17.54a) と同様に

$$Z_0 = \sqrt{\frac{L}{C}} \tag{18.7}$$

$$\gamma = j\omega\sqrt{LC} = j\beta \tag{18.8}$$

とすると，**位相定数** β は

$$\beta = \omega\sqrt{LC} \tag{18.9}$$

となり，**位相速度** v_p は

$$v_p = \omega/\beta = 1/\sqrt{LC} \tag{18.10}$$

となる。

また，同軸ケーブルなどの特定の伝送線路中においては，LC 積は伝送線路中の誘電体の透磁率 μ と誘電率 ε で決まるので，位相定数は以下となる。

$$\beta = \omega\sqrt{LC} = \omega\sqrt{\mu\varepsilon} \tag{18.11}$$

誘電体の比透磁率は 1 の材料が多いので，真空中の位相定数，透磁率，誘電率をそれぞれ $\beta_0, \mu_0, \varepsilon_0$ とし，比誘電率を ε_r とすると，位相定数は以下となる。

$$\beta = \omega\sqrt{\mu_0\varepsilon_0\varepsilon_r} = \beta_0\sqrt{\varepsilon_r} \tag{18.12}$$

18.2　電圧反射係数

伝送線路中では進行波の電圧と電流の関係が一定に保たれる。もし特性インピーダンスの異なる伝送線路が接続されていたら，その境界では接触点での電圧と電流の関係を維持するために，接触点に向かって進行してきた波の一部が左向き進行波として反射する。

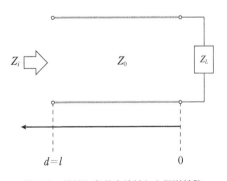

図18.2　終端に負荷を接続した伝送線路

伝送線路の終端にインピーダンスの異なる伝送線路あるいは終端負荷が接続された場合には反射が生じ、その反射の割合は**電圧反射係数**として表される。電圧反射係数は右向きの波の電圧と左向きの波の電圧との比である。これまでは信号源側を0にし終端側方向に位置を記述してきたが、終端側での反射が特性を決めるので、図18.2に示すように終端点を位置0にし、位置dの方向をこれまでと逆にしたほうが、取り扱いが容易になる。

電圧に関する一般式は、$v(x) = V_1 e^{-\gamma x} + V_2 e^{\gamma x}$ より、xを$-d$で置き換えて

$$v(d) = V_1 e^{\gamma d} + V_2 e^{-\gamma d} \tag{18.13}$$

となる。同様に、電流に関する一般式は、$i(x) = \dfrac{1}{Z_0}(V_1 e^{-\gamma x} - V_2 e^{\gamma x})$ より、xを$-d$で置き換えて

$$i(d) = \frac{1}{Z_0}(V_1 e^{\gamma d} - V_2 e^{-\gamma d}) \tag{18.14}$$

となる。

$d = 0$とすると負荷インピーダンスZ_Lは

$$Z_L = \frac{v(0)}{i(0)} = \frac{V_1 + V_2}{V_1 - V_2} Z_0 \tag{18.15}$$

となる。これより

$$V_2 = \frac{Z_L - Z_0}{Z_L + Z_0} V_1 \tag{18.16}$$

が得られる。このことから、電圧反射係数Γ_0は次のように定義できる。

$$\Gamma_0 \equiv \frac{V_2}{V_1} = \frac{Z_L - Z_0}{Z_L + Z_0} \tag{18.17}$$

電圧反射係数Γ_0は17章で用いた反射係数rと同じものである。反射係数rは主として時間領域で、電圧反射係数Γ_0は周波数領域で使用される。電圧反射係数を用いて、電圧を表す式 (18.13) を次のように書き換える。

$$v(d) = V_1 e^{\gamma d} + V_2 e^{-\gamma d} = V_1(e^{\gamma d} + \Gamma_0 e^{-\gamma d}) \tag{18.18}$$

あるいは、式 (18.8) を用いて

$$v(d) = V_1(e^{j\beta d} + \Gamma_0 e^{-j\beta d}) \tag{18.19}$$

と表すことができる。以下、混乱が生じない限り、電圧反射係数を反射係数と記述する。

同様に，電流を表す式 (18.14) を次のように書き換える。

$$i\,(d) = \frac{V_1}{Z_0}\left(e^{\gamma d} - \Gamma_0\,e^{-\gamma d}\right) \tag{18.20}$$

あるいは，式 (18.8) を用いて

$$i\,(d) = \frac{V_1}{Z_0}\left(e^{j\beta d} - \Gamma_0\,e^{-j\beta d}\right) \tag{18.21}$$

と表すことができる。この表現を用いると，負荷インピーダンス Z_L は

$$Z_L = \frac{v\,(0)}{i\,(0)} = Z_0\,\frac{1 + \Gamma_0}{1 - \Gamma_0} \tag{18.22}$$

となり，特性インピーダンス Z_0 と反射係数 Γ_0 で表すことができる。

　ここで，終端抵抗が受動素子の場合には，反射波の絶対値は入射波の絶対値より大きくなることはなく，その結果，受動素子が接続される場合の反射係数 Γ_0 の絶対値は 1 以下になる。特別な場合として，終端が開放の場合には反射係数 Γ_0 は 1 となり，終端が短絡の場合には反射係数 Γ_0 は -1 となる。もちろん，終端が特性インピーダンス Z_0 に等しい抵抗の場合には反射係数 Γ_0 は 0 になる。

🔦 18.3　定在波

　周期，速さ，振幅が同一で，逆方向に進行する波が重なると，波がその場で振動するように見える現象が生じ，**定在波**あるいは**定常波**と呼ばれる。このとき，電圧を表す式 (18.19) は，次のように書き換えることができる。

$$v\,(d) = V_1 e^{j\beta d}\left(1 + \Gamma_0 e^{-j2\beta d}\right) = A\,(d)[1 + \Gamma\,(d)] \tag{18.23}$$

ここで，

$$\left.\begin{array}{l} A\,(d) = V_1 e^{j\beta d} \\ \Gamma\,(d) = \Gamma_0\,e^{-j2\beta d} \end{array}\right\} \tag{18.24}$$

である。同様に，電流を表す式 (18.21) は，

$$i\,(d) = \frac{V_1}{Z_0} e^{j\beta d}\left(1 - \Gamma_0 e^{-j2\beta d}\right) = \frac{A\,(d)}{Z_0}[1 - \Gamma\,(d)] \tag{18.25}$$

と書き換えることができる。ここで，$\Gamma(d)$ は式 (18.17) に示した，伝送線路の特性インピーダンス Z_0 と負荷インピーダンス Z_L で決まる反射係数 Γ_0 を用いて，距離 d にお

ける反射係数を表したものである。特性インピーダンス Z_0 と負荷インピーダンス Z_L に違いがあると，波は一方向に進行する進行波ではなく定在波となり，反射波により特定の位置で強まったり弱まったりするようになる。波長 λ で正規化した距離を用いると理解しやすいので，$\beta = \dfrac{2\pi}{\lambda}$ を用いて，式 (18.23)，(18.25) を書き直すと次式を得る。

$$
\left.
\begin{aligned}
v\,(d) &- V_1 e^{j2\pi\frac{d}{\lambda}} \left(1 + \Gamma_0 e^{-j4\pi\frac{d}{\lambda}} \right) \\
i\,(d) &= \frac{V_1}{Z_0} e^{j2\pi\frac{d}{\lambda}} \left(1 - \Gamma_0 e^{-j4\pi\frac{d}{\lambda}} \right)
\end{aligned}
\right\}
\tag{18.26}
$$

$\Gamma_0 = 0.5$ の定在波の様子を図 18.3 に示す。最大値と最小値を持ち，周期 $\lambda/2$ で繰り返す。

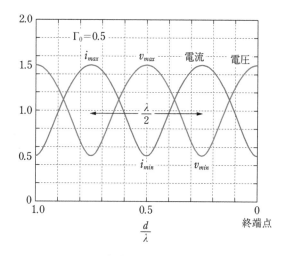

図18.3　定在波の様子（$\Gamma_0 = 0.5$のとき）

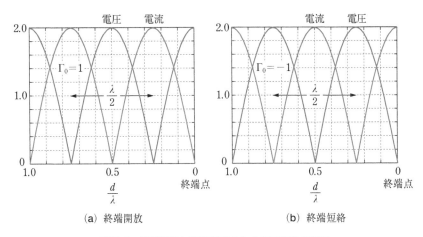

（a）終端開放　　　　　　　　　　　（b）終端短絡

図18.4　**終端開放と終端短絡のときの定在波の様子**

　終端開放と終端短絡のときの定在波の様子を図18.4に示す。終端開放の場合は終端
点において電圧が最大になり，電流が0になる。このときの反射係数は$\Gamma_0 = 1$である。
逆に，終端短絡の場合は終端点において電流が最大になり，電圧が0になる。このと
きの反射係数は$\Gamma_0 = -1$である。電圧や電流が周期的に最大値と最小値をとるので，
定在波比（Standing Wave Ratio，**SWR**）を，次のように定義する。

$$\mathrm{SWR} = \frac{|v_{\max}|}{|v_{\min}|} = \frac{|i_{\max}|}{|i_{\min}|} \tag{18.27}$$

SWR は式 (18.15) と式 (18.22) を用いて

$$\mathrm{SWR} = \frac{|V_1 + V_2|}{|V_1 - V_2|} = \frac{1 + |\Gamma_0|}{1 - |\Gamma_0|} \tag{18.28}$$

と表される。 $1 \leq \mathrm{SWR} < \infty$ である。反射係数Γ_0とSWRの関係を図18.5に示す。
インピーダンスの整合がとれ，反射係数が0のときSWRは1に，負荷が開放もしくは
短絡のときは反射係数が1もしくは-1であるので，SWRは無限になる。

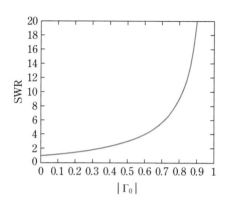

図18.5　反射係数Γ_0とSWRの関係

18.4　伝送線路におけるインピーダンスの変化

　伝送線路の距離dを変えることで，インピーダンスを変化させることができる。負荷から距離d離れた点における入力インピーダンス$Z_i(d)$は，式 (18.23)，(18.24)，(18.25) より

$$Z_i\,(d) = \frac{v\,(d)}{i\,(d)} = Z_0\,\frac{1 + \Gamma_0\,e^{-2j\beta d}}{1 - \Gamma_0\,e^{-2j\beta d}} = Z_0\,\frac{e^{j\beta d} + \Gamma_0\,e^{-j\beta d}}{e^{j\beta d} - \Gamma_0\,e^{-j\beta d}} \tag{18.29}$$

となり，式 (18.17) より

$$Z_i\,(d) = Z_0\,\frac{e^{j\beta d} + \left(\dfrac{Z_L - Z_0}{Z_L + Z_0}\right)e^{-j\beta d}}{e^{j\beta d} - \left(\dfrac{Z_L - Z_0}{Z_L + Z_0}\right)e^{-j\beta d}} = Z_0\,\frac{Z_L\left(e^{j\beta d} + e^{-j\beta d}\right) + Z_0\left(e^{j\beta d} - e^{-j\beta d}\right)}{Z_L\left(e^{j\beta d} - e^{-j\beta d}\right) + Z_0\left(e^{j\beta d} + e^{-j\beta d}\right)}$$

$$= Z_0\,\frac{Z_L\cos\left(\beta d\right) + jZ_0\sin\left(\beta d\right)}{Z_0\cos\left(\beta d\right) + jZ_L\sin\left(\beta d\right)} \tag{18.30}$$

そして，最終的には

$$Z_i\,(d) = Z_0\,\frac{Z_L + jZ_0\tan\left(\beta d\right)}{Z_0 + jZ_L\tan\left(\beta d\right)} \tag{18.31}$$

となる。この式は，負荷インピーダンスZ_Lが伝送線路の特性インピーダンスZ_0および距離dによりどのように変換されるかを示す重要な式である。βではなく波長を用

いて表すと，$\beta = \dfrac{2\pi}{\lambda}$ より，式 (18.31) は

$$Z_i\,(d) = Z_0\,\frac{Z_L + jZ_0\tan\left(2\pi\dfrac{d}{\lambda}\right)}{Z_0 + jZ_L\tan\left(2\pi\dfrac{d}{\lambda}\right)} \tag{18.32}$$

と，波長に対する距離の比率の関数となりわかりやすくなる。ここで，いくつかの終端状態について見ていく。

18.4.1　終端が短絡（ショート）の場合

終端が短絡（ショート）の場合，伝送線路は**ショートスタブ**と呼ばれる。負荷インピーダンスが $Z_L = 0$ であるので，式 (18.31)，(18.32) は以下となる。

$$\left.\begin{aligned}
Z_i\,(d) &= jZ_0\tan(\beta d)\\
Z_i\,(d) &= jZ_0\tan\left(2\pi\dfrac{d}{\lambda}\right)
\end{aligned}\right\} \tag{18.33}$$

また，電圧と電流の式はそれぞれ式 (18.19)，(18.21) に $\varGamma_0 = -1$ を代入して，

$$v\,(d) = V_1\left(e^{j\beta d} - e^{-j\beta d}\right) = 2jV_1\sin(\beta d) = 2jV_1\sin\left(2\pi\dfrac{d}{\lambda}\right) \tag{18.34}$$

$$i\,(d) = \frac{V_1}{Z_0}\left(e^{j\beta d} + e^{-j\beta d}\right) = \frac{2V_1}{Z_0}\cos(\beta d) = \frac{2V_1}{Z_0}\cos\left(2\pi\dfrac{d}{\lambda}\right) \tag{18.35}$$

となる。

波長 λ で正規化した長さ d に対する電圧，電流，インピーダンスを図18.6に示す。伝送線路の長さにより，入力側ではあたかもインダクタのように見えたり，容量のように見えたりすることがわかる。その周期は $\lambda/2$ である。長さ d が $\lambda/4$ まではインダクタのように見えるために，インダクタの代替として伝送線路が用いられることがある。ショートスタブの長さが $\lambda/4$ の場合には，インピーダンスが無限大となることに注意が必要である。

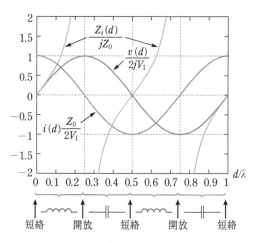

図18.6 ショートスタブの電圧, 電流, インピーダンス

18.4.2 終端が開放(オープン)の場合

　終端が開放(オープン)の場合, 伝送線路は**オープンスタブ**と呼ばれる。負荷インピーダンスが $Z_L = \infty$ であるので, 式 (18.31), (18.32) は以下となる。

$$\left.\begin{aligned}Z_i\,(d) &= -jZ_0\,\frac{1}{\tan(\beta d)} \\[2mm] Z_i\,(d) &= -jZ_0\,\frac{1}{\tan\left(2\pi\dfrac{d}{\lambda}\right)}\end{aligned}\right\} \tag{18.36}$$

　また, 電圧と電流の式はそれぞれ式 (18.19), (18.21) に $\varGamma_0 = 1$ を代入して,

$$v\,(d) = V_1\left(e^{j\beta d} + e^{-j\beta d}\right) = 2V_1\cos(\beta d) = 2V_1\cos\left(2\pi\frac{d}{\lambda}\right) \tag{18.37}$$

$$i\,(d) = \frac{V_1}{Z_0}\left(e^{j\beta d} - e^{-j\beta d}\right) = j\frac{2V_1}{Z_0}\sin(\beta d) = j\frac{2V_1}{Z_0}\sin\left(2\pi\frac{d}{\lambda}\right) \tag{18.38}$$

となる。

　波長 λ で正規化した長さ d に対する電圧, 電流, インピーダンスを図18.7に示す。伝送線路の長さが0のときのインピーダンスは無限大, 長さ $\lambda/4$ の場合には0となる。

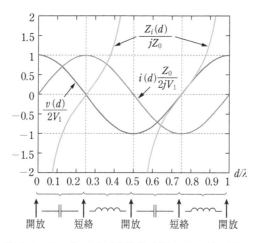

図18.7　オープンスタブの電圧，電流，インピーダンス

18.4.3　4分の1波長トランス

　$\lambda/4$の長さを持つ伝送線路には特別な意味がある。図18.8に示すように，負荷イン
ピーダンスが接続された場合の1/4波長伝送線路の入力インピーダンスを求める。式
(18.32) より

$$Z_i\,(\lambda/4) = Z_0\,\frac{Z_L + jZ_0\tan\left(\dfrac{2\pi}{\lambda}\dfrac{\lambda}{4}\right)}{Z_0 + jZ_L\tan\left(\dfrac{2\pi}{\lambda}\dfrac{\lambda}{4}\right)} = \frac{Z_0^{\,2}}{Z_L} \tag{18.39}$$

となる。この式から特性インピーダンスZ_0を導く式に変形することもできる。

$$Z_0 = \sqrt{Z_L Z_i\,(\lambda/4)} \tag{18.40}$$

つまり，既知の負荷インピーダンスZ_Lと$\lambda/4$の長さの伝送線路の入力インピーダンス
がわかると，特性インピーダンスZ_0を導出することができる。この回路は**4分の1波
長トランス**と呼ばれる。

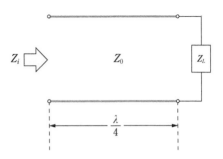

図18.8　1/4波長伝送線路（4分の1波長トランス）の入力インピーダンス

　ここで，上記の伝送線路の長さは波長に対する長さで議論されていることに注意が必要である。ある周波数で1/4波長を持つ伝送線路は，周波数が変われば異なる波長となる。その結果，入力インピーダンスは周波数に依存し，$\lambda/2$ の周期で変化する。

例18.1

　特性インピーダンス $50\,\Omega$ の伝送線路に抵抗の負荷抵抗 R_L を接続する。定在波比 SWR を2以下にしたいとき，反射係数 Γ_0 の範囲と許容される負荷抵抗 R_L の値を求める。

　式 (18.28) より

$$\text{SWR} = \frac{1+|\Gamma_0|}{1-|\Gamma_0|} \leq 2$$

したがって，$|\Gamma_0| \leq \dfrac{1}{3}$

負荷抵抗 R_L は式 (18.17) より，$|\Gamma_0| = \left| \dfrac{R_L - Z_0}{R_L + Z_0} \right| \leq \dfrac{1}{3}$

これより $\dfrac{Z_0}{2} \leq R_L \leq 2Z_0$

Z_0 は $50\,\Omega$ であるので，$25\,\Omega \leq R_L \leq 100\,\Omega$

例18.2

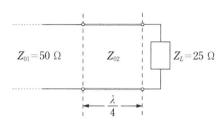

図18.9 **4分の1波長トランスを用いたインピーダンス整合**

図18.9に示すように，周波数 10 GHz において $Z_L = 25\,\Omega$ の負荷抵抗と特性インピーダンス $Z_{01} = 50\,\Omega$ の伝送線路のインピーダンス整合をとりたい。4分の1波長トランスを用いてインピーダンス整合をとるとすると，特性インピーダンス Z_{02} が何 Ω の線路を用いるべきか，あるいはそのときの長さはおおよそいくらか。

式 (18.40) より，$Z_{02} = \sqrt{Z_L Z_{01}} = \sqrt{50 \times 25} \approx 35.4\,\Omega$ である。周波数 10 GHz の信号の波長は約 30 mm なので，7.5 mm の長さの伝送線路を用いればよい。

例18.3

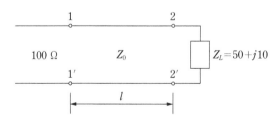

図18.10 **伝送線路を用いたインピーダンス整合**

図18.10の伝送線路において，負荷 $Z_L = 50+j10\,\Omega$ を特性インピーダンス 100 Ω の伝送線路にインピーダンス整合させるために挿入したときの伝送線路の特性インピーダンス Z_0 と長さ l を求める。ただし，信号周波数は 100 MHz とする。

式 (18.32) より

$$Z_i(l) = \frac{Z_L + jZ_0 \tan\left(2\pi\frac{l}{\lambda}\right)}{1 + j\frac{Z_L}{Z_0}\tan\left(2\pi\frac{l}{\lambda}\right)}$$

この式に Z_L と $Z_i(l)$ を代入して

$$\frac{50 + j10 + jZ_0 \tan\left(2\pi\frac{l}{\lambda}\right)}{1 + j\frac{50 + j10}{Z_0}\tan\left(2\pi\frac{l}{\lambda}\right)} = 100$$

したがって

$$50 + j\left\{10 + Z_0\tan\left(2\pi\frac{l}{\lambda}\right)\right\} = 100\left\{1 - \frac{10}{Z_0}\tan\left(2\pi\frac{l}{\lambda}\right)\right\} + j\frac{5000}{Z_0}\tan\left(2\pi\frac{l}{\lambda}\right)$$

実数部から

$$50 = 100\left\{1 - \frac{10}{Z_0}\tan\left(2\pi\frac{l}{\lambda}\right)\right\} \;\Rightarrow\; \tan\left(2\pi\frac{l}{\lambda}\right) = \frac{Z_0}{20}$$

虚数部から

$$\left\{10 + Z_0\tan\left(2\pi\frac{l}{\lambda}\right)\right\} = \frac{5000}{Z_0}\tan\left(2\pi\frac{l}{\lambda}\right) \;\Rightarrow\; \tan\left(2\pi\frac{l}{\lambda}\right) = \frac{10Z_0}{5000 - Z_0{}^2}$$

したがって
$$Z_0{}^2 = 5000 - 200 = 4800 \;\Rightarrow\; Z_0 = \sqrt{4800} = 40\sqrt{3} \approx 69.3\,\Omega$$
これより

$$\tan\left(2\pi\frac{l}{\lambda}\right) = \frac{Z_0}{20} = 2\sqrt{3} \;\Rightarrow\; 2\pi\frac{l}{\lambda} = 73.9° = 1.29\,\mathrm{rad}$$

したがって

$$l = \frac{1.29}{2\pi}\lambda \approx 0.205\lambda$$

周波数 $f = 100\,\mathrm{MHz}$ の信号の波長 λ は
$$\lambda = \frac{3 \times 10^8}{10^8} = 3\,\mathrm{m}$$

これより，

$$l = 61.5\,\mathrm{cm}$$

まとめると

$$Z_0 = 69.3\,\Omega$$

$$l = 61.5\,\mathrm{cm}$$

18.5　散乱行列と S パラメータ

　回路網の外部とのインタフェースはポートと呼ばれる。反射係数を導く際には，1つの外部インタフェースすなわち1ポート回路網でのふるまいを考えたが，議論を一般化し，2つ以上のポートを持つ回路網に入射する波が与えられる際の出力される波を記述する方法について述べる。

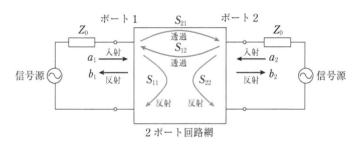

図18.11　2ポート回路網における入射する波，反射する波，透過する波

　2つ以上のポートを持つ回路網の場合には，入射する波と出力される波はそれぞれベクトルとなり，**入射波ベクトル**と**出力波ベクトル**の関係は行列で表される。この行列を**散乱行列**と呼ぶ。高周波回路においては **S パラメータ**を用いた散乱行列がよく用いられる。

　まずは，議論を単純化するために，図18.11 の2ポート回路網を考える。このとき，それぞれのポートへ波が入射する場合，反射係数を考えた場合と同様に，一般的には反射する波が生じる。2つ以上のポートの場合，入射する波は反射されるだけでなく，他ポートへ透過する。すなわち，2つの外部インタフェースがある回路網では，入射する波の一部が反射し，一部が他ポートへ透過することになる。2つのポートをそれぞれポート1，ポート2と名づけ，それぞれのポートへの入射する波を a_1, a_2，出力される波を b_1, b_2 とすると，入射波ベクトル a は $\begin{bmatrix} a_1 \\ a_2 \end{bmatrix}$，出力波ベクトル b は $\begin{bmatrix} b_1 \\ b_2 \end{bmatrix}$ とな

る。したがって，散乱行列 $S = \begin{bmatrix} S_{11} & S_{12} \\ S_{21} & S_{22} \end{bmatrix}$ を用いると，入射波ベクトルと出力波ベクトルの関係は以下のようになる。

$$b = Sa$$

$$\begin{bmatrix} b_1 \\ b_2 \end{bmatrix} = \begin{bmatrix} S_{11} & S_{12} \\ S_{21} & S_{22} \end{bmatrix} \begin{bmatrix} a_1 \\ a_2 \end{bmatrix} \tag{18.41}$$

ここで，入射波ベクトルの要素 a_i と出力波ベクトルの要素 b_i は，伝送線路中の電圧または電流に関する一般解と，ポートに接続される伝送線路の特性インピーダンスから定義される。

一般に，すべてのポートに接続される伝送線路の特性インピーダンスが等しい場合には，入射波ベクトルと出力波ベクトルに電圧を用いても電流を用いても得られる散乱行列に差は生じない。しかし，各ポートに接続される伝送線路の特性インピーダンスが等しくない場合，電流でベクトルを定義する場合と電圧でベクトルを定義する場合には差が生じてしまう。そこで，回路網が定義されると散乱行列が一意に定まるように，電圧と電流の積である電力から波動ベクトルの定義を考える。特性インピーダンス Z_0 の伝送線路中を通過する波の電力 P は

$$P = vi = \frac{v^2}{Z_0} = i^2 Z_0 \tag{18.42}$$

である。両辺の平方根をとると

$$\sqrt{P} = \frac{v}{\sqrt{Z_0}} = i\sqrt{Z_0} \tag{18.43}$$

となる。そこで，波動ベクトルの各要素について特性インピーダンスを用いて，入力電圧を，次のように正規化して定義する。

$$a_i = \frac{v_{in\_i}}{\sqrt{Z_0}} \tag{18.44}$$

$$b_i = \frac{v_{out\_i}}{\sqrt{Z_0}} \tag{18.45}$$

このように波動を定義されたときの入射波ベクトルと出力波ベクトルの関係が散乱行列になる。2ポート回路網における散乱行列の各要素と入射する波，反射する波，透過する波を図18.11に示す。

散乱行列の各要素を個別に求めると，以下のようになる。

$$S_{11} = \frac{b_1}{a_1} \tag{18.46a}$$

$$S_{12} = \frac{b_1}{a_2} \tag{18.46b}$$

$$S_{21} = \frac{b_2}{a_1} \tag{18.46c}$$

$$S_{22} = \frac{b_2}{a_2} \tag{18.46d}$$

この4つの要素の中で，S_{11} と S_{22} は，それぞれポート1とポート2での反射を表しており，S_{12} と S_{21} は，それぞれポート2からポート1への透過，ポート1からポート2への透過を表している。反射係数の場合と同様に，回路網が受動素子で構成される場合には，散乱行列の各要素の絶対値は1以下になる。ここで，S_{11} と S_{22} の値とインピーダンスの関係を表18.1に示す。

表18.1　S の値とインピーダンスの関係

値	意味
-1	入射波が反転して反射する。ポートのインピーダンスは $0\,\Omega$
0	反射が生じない。ポートのインピーダンスが特性インピーダンスに等しい
$+1$	入射波が反転されずに反射する。ポートのインピーダンスは $\infty\,\Omega$

ここで，S_{11} と S_{22} は，それぞれポート1とポート2での反射を表すため，ポートのインピーダンスと一対一で対応する。したがって，S_{11} あるいは S_{22} は次に述べるスミスチャート上にプロットすることにより，ポートのインピーダンスを直接読みとることが可能になる。ここで，他のポートに接続される負荷インピーダンスあるいは伝送線路の特性インピーダンスが変化すると，ポートのインピーダンスも変化する。したがって，S_{11} あるいは S_{22} で表されるポートのインピーダンスは，各ポートが所定の特性インピーダンスで終端されたときのポートのインピーダンスとなる。散乱行列はネットワークアナライザと呼ばれる測定装置で直接測定することができる。

18.6　スミスチャート

高周波回路においては，インピーダンスやアドミッタンスを表示するときに**スミス**

チャートを用いる。これにより無限のインピーダンスやアドミッタンスを有限平面上
に表現できるようになる。

18.6.1 スミスチャートの作成方法

反射係数 Γ_0 を実数部と虚数部に分けて次のように表す。

$$\Gamma_0 = \Gamma_r + j\Gamma_i \tag{18.47}$$

同様に，入力インピーダンス Z を特性インピーダンス Z_0 で正規化（規格化ともいう）
し，**正規化インピーダンス**（規格化インピーダンスともいう）Z/Z_0 を実数部と虚数部
に分けて次のように表す。

$$\frac{Z}{Z_0} = r + jx \tag{18.48}$$

反射係数 Γ_0 と正規化インピーダンスは式 (18.22) より

$$\frac{Z}{Z_0} = r + jx = \frac{1 + \Gamma_0}{1 - \Gamma_0} = \frac{1 + (\Gamma_r + j\Gamma_i)}{1 - (\Gamma_r + j\Gamma_i)} \tag{18.49}$$

となる。両辺の実数部と虚数部を等しいとおくと，以下となる。

$$r = \frac{1 - \Gamma_r^2 - \Gamma_i^2}{(1 - \Gamma_r)^2 + \Gamma_i^2}, \quad x = \frac{2\Gamma_i}{(1 - \Gamma_r)^2 + \Gamma_i^2} \tag{18.50}$$

この式を整理すると，以下の Γ_r，Γ_i を座標とする円を表す式が得られる。

$$\left(\Gamma_r - \frac{r}{1 + r}\right)^2 + \Gamma_i^2 = \left(\frac{1}{1 + r}\right)^2 \tag{18.51}$$

$$(\Gamma_r - 1)^2 + \left(\Gamma_i - \frac{1}{x}\right)^2 = \left(\frac{1}{x}\right)^2 \tag{18.52}$$

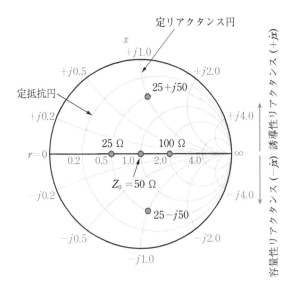

図18.12　インピーダンスチャート

　式 (18.51) は正規化インピーダンスの実数部 r を表しており，r が一定の軌跡は半径が $\dfrac{1}{1+r}$ で，中心が $\varGamma_r = \dfrac{1}{1+r}$，$\varGamma_i = 0$ である円を示している。

　式 (18.52) は正規化インピーダンスの虚数部 x を表しており，x が一定の軌跡は半径が $\dfrac{1}{x}$ で，中心が $\varGamma_r = 1$，$\varGamma_i = \dfrac{1}{x}$ である円を示している。これを描いたのが，図18.12 に示す**インピーダンスチャート**である。

　まず，円の中心は反射係数が 0 の点，つまり特性インピーダンス Z_0 を表す。高周波回路の場合，通常 50 Ω が用いられる。インピーダンスは，まずこの特性インピーダンスで正規化される。つまり 50 Ω は 1，100 Ω は右側の 2，25 Ω は左側の 0.5 になる。右端から広がる円は一定の抵抗を表す（**定抵抗円**もしくは**等抵抗円**）。また，右端から伸びている半円状の線は一定のリアクタンスを表す（**定リアクタンス円**もしくは**等リアクタンス円**）。上半面が正のリアクタンス，つまりインダクタンスによる誘導性リアクタンスを，下半面が負のリアクタンス，つまり容量による容量性リアクタンスを表す。

　例えば，$Z = 25 + j50\ \Omega$ のインピーダンスは 50 Ω で正規化すると $0.5 + j1$ なので，$r = 0.5$ の円上にあり，上半面の $x = 1$ の定リアクタンス円と交わった点になる。また，$Z = 25 - j50\ \Omega$ のインピーダンスは 50 Ω で正規化すると $0.5 - j1$ なので，$r = 0.5$ の円上にあり，下半面の $x = -1$ の定リアクタンス円と交わった点になる。

175

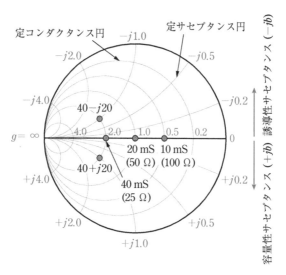

図18.13　アドミッタンスチャート

　アドミッタンスチャートも同様に作成することができる。アドミッタンスチャートを図18.13に示す。円の中心は反射係数が0の点，つまり特性アドミッタンスを表し，高周波回路の場合，通常20 mSが用いられる。アドミッタンスは，まずこの特性アドミッタンスで正規化される。つまり20 mS（50 Ω）は1，10 mS（100 Ω）は右側の0.5，40 mS（25 Ω）は左側の2になる。左端から広がる円は一定のコンダクタンスgを表す（**定コンダクタンス円**もしくは**等コンダクタンス円**）。また，左端から伸びている半円状の線は一定のサセプタンスbを表す（**定サセプタンス円**もしくは**等サセプタンス円**）。上半面が負のサセプタンス，つまりインダクタンスによる誘導性サセプタンスを表す。下半面が正のサセプタンス，つまり容量による容量性サセプタンスを表す。

　例えば，$y = 40+j20$ mSのアドミッタンスは20 mSで正規化すると$2+j1$なので，$g = 2$の円上にあり，下半面の$b = 1$の定サセプタンス円と交わった点になる。また$y = 40-j20$ mSのアドミッタンスは20 mSで正規化すると$2-j1$なので$g = 2$の円上にあり，上半面の$b = -1$の定サセプタンス円と交わった点になる。

　さらに，スミスチャートを用いると，簡単に**反射係数** Γ_0や**定在波比 SWR**を求めることができる。図18.14は，スミスチャート上に反射係数 Γ_0と定在波比 SWRを示したものである。いま，負荷インピーダンスZを丸で示した$0.6+j0.4$（$30+j20$ Ω）とすると，1の点を中心にして円を描き，その半径が反射係数 Γ_0の絶対値（この場合は0.343）を，角度が位相を与える。この円は反射係数 Γ_0の絶対値が等しいインピーダンス（SWR

も同一である)を表しており，円と実軸上の右の交点の数字が SWR を表している。

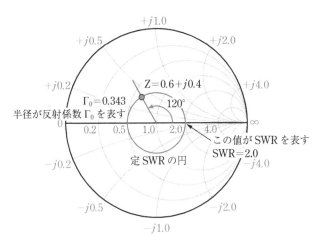

図18.14　反射係数 Γ_0 と定在波比SWR

> COLUMN　スミスチャート
>
> 　スミスチャートは，無限の値を持つ複素数であるインピーダンスを有限の平面上に表すために1939年に RCA のフィリップスミスにより発案されたと言われている。したがって，インピーダンスチャートがスミスチャートの原型であるが，アドミッタンスチャートも同様の考え方で作成でき，インピーダンスチャートの目盛を180°回転することでも得られる。インピーダンスチャートとアドミッタンスチャートを重ね合わせたものはイミタンスチャートと呼ばれ，直列と並列の複合回路を取り扱う場合に便利で，チャートを用いたインピーダンス整合などに用いられる。今日では，これらのインピーダンスチャート，アドミッタンスチャート，イミタンスチャートを含めてスミスチャートと呼ばれるようになった。
>
> 　ところで，スミスチャートと同様の考えはスミスの発案の2年前の1937年に日本無線電信株式会社の水橋東作によって発表されている。このためスミスチャートは水橋チャート，もしくは水橋・スミスチャートと呼ぶべきという意見がある。

18.6.2　インピーダンス整合

　インピーダンス整合は高周波電力を最大限に伝えるために極めて重要な技術である。高周波回路設計の大部分はインピーダンス整合をとることであるといっても過言ではない。スミスチャートを用いると，図式的インピーダンス整合をとることができるが，その前に一般的なインピーダンス整合について述べる。

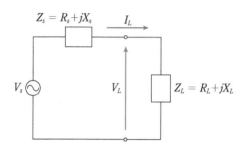

図18.15　インピーダンス整合

　インピーダンス整合の条件を検討するための回路を図**18.15**に示す。信号源電圧をV_s，信号源インピーダンスをZ_s，負荷インピーダンスをZ_Lとする。各インピーダンスの実数部と虚数部は

$$\left.\begin{array}{l} Z_s = R_s + jX_s \\ Z_L = R_L + jX_L \end{array}\right\} \tag{18.53}$$

である。このときの負荷電力Pは

$$P = I_L{}^2 R_L = \frac{V_s^2 R_L}{(R_s + R_L)^2 + (X_s + X_L)^2} \tag{18.54a}$$

電力が最大となる負荷リアクタンスX_Lは

$$\frac{\partial P}{\partial X_L} = \frac{-2V_s^2 R_L (X_s + X_L)}{(R_s + R_L)^2 + (X_s + X_L)^2} = 0 \tag{18.54b}$$

となる。したがって，$X_L = -X_s$のときに最大になる。このときの電力Pは

$$P = \frac{V_s^2 R_L}{(R_s + R_L)^2} \tag{18.55}$$

で与えられるので，電力を最大にする条件は2章で示した直流の場合と同じで，

$R_L = R_s$ で与えられる。したがって，電力の最大値 P_{max} は

$$P_{max} = \frac{V_s^2}{4R_s} \tag{18.56}$$

である。つまり，電力が最大になる条件は，以下のように2つのインピーダンスが**共役複素数**の関係にあるときである。

$$Z_s = \overline{Z_L} \tag{18.57}$$

インピーダンス整合をとるには，図18.16に示すように，電力を消費しないリアクタンス素子を用いる。ただし，この回路が有効なのは $\mathrm{Re}\{Z_s\} > \mathrm{Re}\{Z_L\}$ の場合である。

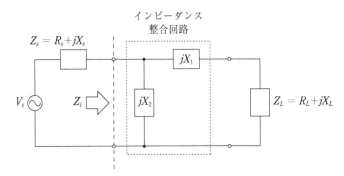

図18.16　**インピーダンス整合回路の例**（$\mathrm{Re}\{Z_s\} > \mathrm{Re}\{Z_L\}$ の場合）

整合回路の入力インピーダンス Z_i は

$$Z_i = \frac{-X_2\,(X_1 + X_L) + jR_L X_2}{R_L + j(X_1 + X_2 + X_L)} \tag{18.58}$$

したがって，インピーダンス整合がとれているときは

$$Z_i = \frac{-X_2\,(X_1 + X_L) + jR_L X_2}{R_L + j(X_1 + X_2 + X_L)} = R_s - jX_s \tag{18.59}$$

実数部と虚数部について比較して，以下の条件を得る。

$$\left.\begin{array}{l} R_s R_L + (X_2 + X_s)(X_1 + X_L) + X_2 X_s = 0 \\ R_s\,(X_1 + X_2 + X_L) = R_L\,(X_2 + X_s) \end{array}\right\} \tag{18.60}$$

ただし，この式は見通しが悪いので，Z_s, Z_L ともにリアクタンス成分を持たない純抵抗

とすると，式 (18.60) は

$$
\left.\begin{array}{l}
R_s R_L + X_1 X_2 = 0 \\
R_s \,(X_1 + X_2) = R_L X_2
\end{array}\right\} \tag{18.61}
$$

と簡単になる。これより

$$
\left.\begin{array}{l}
X_1 = \pm \sqrt{R_L \,(R_s - R_L)} \\[2mm]
X_2 = \mp R_s \sqrt{\dfrac{R_L}{R_s - R_L}}
\end{array}\right\} \tag{18.62}
$$

が得られる。

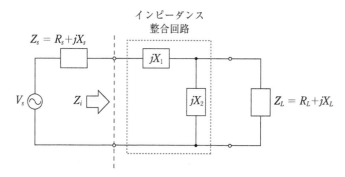

図18.17　インピーダンス整合回路の例（Re{Z_s} < Re{Z_L}の場合）

Re{Z_s} < Re{Z_L} の場合には，図18.17に示すリアクタンス素子 X_2 を負荷側に移動した回路が用いられる。この回路においてインピーダンス整合がとれているとき，整合回路の入力インピーダンス Z_i は以下となる。

$$
Z_i = \frac{-X_1 \,(X_2 + X_L) - X_2 X_L + j R_L \,(X_1 + X_2)}{R_L + j(X_2 + X_L)} = R_s - j X_s \tag{18.63}
$$

実数部と虚数部について比較して，以下の条件を得る。

$$
\left.\begin{array}{l}
R_s R_L + (X_1 + X_s)(X_2 + X_L) + X_2 X_L = 0 \\
R_L \,(X_1 + X_2 + X_L) = R_s \,(X_2 + X_L)
\end{array}\right\} \tag{18.64}
$$

この場合も，Z_s, Z_L ともにリアクタンス成分を持たない純抵抗とすると，式 (18.64) は

$$
\left.\begin{array}{l}
R_s R_L + X_1 X_2 = 0 \\
R_L \,(X_1 + X_2) = R_s X_2
\end{array}\right\} \tag{18.65}
$$

と簡単になる。これより

$$\left.\begin{array}{l} X_1 = \pm \sqrt{R_s \, (R_L - R_s)} \\[2mm] X_2 = \mp \, R_L \sqrt{\dfrac{R_s}{R_L - R_s}} \end{array}\right\}$$

(18.66)

が得られる。

例 18.4

1)　図 18.18 の回路において，$R_s = 50\,\Omega$，$R_L = 20\,\Omega$ である。周波数 100 MHz でインピーダンス整合をとることを試みる。

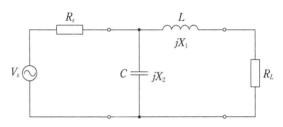

図18.18　インピーダンス整合回路　その1

式 (18.62) より，

$$\left.\begin{array}{l} X_1 = \pm \sqrt{R_L \, (R_s - R_L)} \\[2mm] X_2 = \mp \, R_s \sqrt{\dfrac{R_L}{R_s - R_L}} \end{array}\right\}$$

これに値を代入し，

$$\left.\begin{array}{l} X_1 = \sqrt{R_L \, (R_s - R_L)} = \sqrt{20 \times 30} \approx 24.5\,\Omega \\[2mm] X_2 = - R_s \sqrt{\dfrac{R_L}{R_s - R_L}} = -50\sqrt{\dfrac{20}{30}} \approx -40.8\,\Omega \end{array}\right\}$$

周波数が 100 MHz なので

$$\left.\begin{array}{l} L = \dfrac{X_1}{\omega} \approx \dfrac{24.5}{2\pi \times 10^8} \approx 39.0\,\mathrm{nH} \\[2mm] C = -\dfrac{1}{\omega X_2} \approx \dfrac{1}{2\pi \times 10^8 \times 40.8} = 39.0\,\mathrm{pF} \end{array}\right\}$$

2)　図 18.19 の回路を用いた場合は，以下となる。

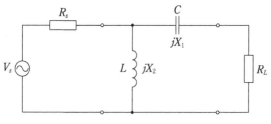

図18.19　インピーダンス整合回路　その2

$$X_1 = -\sqrt{R_L\,(R_s - R_L)} = -\sqrt{20 \times 30} \approx -24.5\,\Omega$$

$$X_2 = R_s\sqrt{\frac{R_L}{R_s - R_L}} = 50\sqrt{\frac{20}{30}} \approx 40.8\,\Omega$$

したがって，

$$C = -\frac{1}{\omega X_1} \approx \frac{1}{2\pi \times 10^8 \times 24.5} \approx 65.0\,\text{pF}$$

$$L = \frac{X_2}{\omega} \approx \frac{40.8}{2\pi \times 10^8} = 65.0\,\text{nH}$$

18.6.3　スミスチャートを用いたインピーダンス整合

　スミスチャートを用いたインピーダンス整合方法について述べる。スミスチャートを用いることで，計算ではなく図式的にインピーダンス整合をとることができる。

　はじめに図18.20を用いて，インピーダンス整合をとるために関係する各回路素子のスミスチャート上での動きについて述べる。まず加算性の観点から，直列の部品追加の場合はインピーダンスチャートを，並列の部品追加の場合はアドミッタンスチャートを用いる。

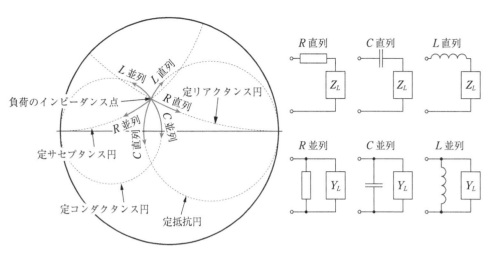

図18.20　部品追加のときのインピーダンス変化

・**R 直列**：リアクタンスが一定で，抵抗のみが変化するので，同一のリアクタンス円上を，抵抗の増加に従い右方向に移動する。移動量はインピーダンスの抵抗成分を表す定抵抗円の値から，インピーダンスの抵抗成分に追加した抵抗を加算したときの定抵抗円の値を引いたものになる。

・**C 直列**：抵抗が一定で，定抵抗円上を容量性方向（反時計回り）に移動する。移動量はインピーダンスのリアクタンス成分のみの場合のリアクタンス値から，容量を追加したリアクタンス値を引いたものになる。

・**L 直列**：抵抗が一定で，誘導性方向（時計回り）にリアクタンスが変化する。

・**R 並列**：サセプタンスが一定で，コンダクタンスが変化する。

・**C 並列**：コンダクタンスが一定で，容量性方向（時計回り）にサセプタンスが変化する。

・**L 並列**：コンダクタンスが一定で，誘導性方向（反時計回り）にサセプタンスが変化する。

　ところで図18.21に示すように，回路に特性インピーダンス Z_0 の伝送線路を挿入したとき，中心からの距離を保ったまま，位相 $\theta = 360° \times \dfrac{d}{\lambda}$ の2倍の 2θ だけ時計回りに回転する。スミスチャートは反射特性を見ているので，信号は入射するときと反射するときの合わせて2回，伝送線路を通過するからである。特性インピーダンス Z_0 の

伝送線路は無反射なので，反射係数は変化せずに位相だけが変化する。

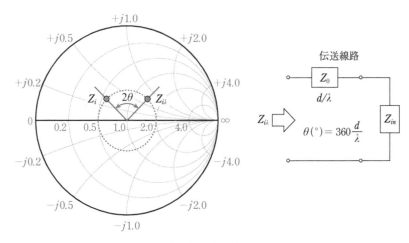

図18.21　伝送線路を直列に接続したときの軌跡

例18.5

　図18.16に示した回路において，負荷インピーダンス $Z_L = 25+j10\ \Omega$ と信号源抵抗 $R_s = 50\ \Omega$ とのインピーダンス整合をとるインダクタ L と容量 C の値を，スミスチャートを用いて求める。周波数は100 MHzとする。用いるスミスチャートを図18.22に示す。$Z_L = 25+j10$ は特性インピーダンス50 Ωで正規化すると，0.5$+j$0.2であるのでA点にある。信号源抵抗 R_s は50 Ωであるので，スミスチャートの中心のC点にある。ここまでいくには図18.23(a) の直列インダクタと並列容量を用いる方法と，図18.23(b) の直列容量と並列インダクタを用いる2つの方法がある。

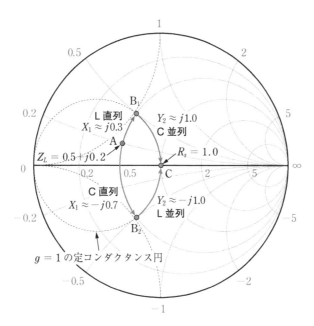

図18.22　スミスチャートを用いたインピーダンス整合の方法

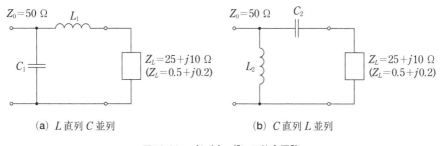

（a）L 直列 C 並列　　　　　　　　　　（b）C 直列 L 並列

図18.23　インピーダンス整合回路

1)　直列インダクタと並列容量を用いる方法

　図 18.23(a) の直列インダクタと並列容量を用いると，図 18.22 に示したように，はじめに定抵抗円上を時計回りに回転し，次に定コンダクタンス円上を時計回りに回転する。定抵抗円と定コンダクタンス円が交わる点は B_1 である。A 点から B_1 点までは直列インダクタを用い，B_1 点から C 点までは並列容量を用いる。A 点から B_1 点までのリアクタンス X_1 は定リアクタンス円の値から $j0.3$ である。B_1 点から C 点までのサセプタンス Y_2 は定サセプタンス円の値から $j1.0$ である。これより各値は

$$L_1 = \frac{X_1}{\omega} = \frac{0.3 \times 50}{2\pi \times 10^8} \approx 23.9 \text{ nH} \left.\vphantom{\frac{X_1}{\omega}}\right\}$$

$$C_1 = \frac{Y_2}{\omega} = \frac{1.0}{2\pi \times 10^8 \times 50} \approx 31.8 \text{ pF} \left.\vphantom{\frac{Y_2}{\omega}}\right\} \tag{18.67}$$

となる。

2) 直列容量と並列インダクタを用いる方法

図18.23(b) の直列容量と並列インダクタを用いると，図18.22に示したように，はじめに定抵抗円上を反時計回りに回転し，次に定コンダクタンス円上を反時計回りに回転する。定抵抗円と定コンダクタンス円が交わる点はB_2である。A点からB_2点までは直列容量を用い，B_2点からC点までは並列インダクタを用いる。A点からB_2点までのリアクタンスX_1は定リアクタンス円の値から $-j0.7$ である。B_2点からC点までのサセプタンスY_2は定サセプタンス円の値から $-j1.0$ である。これより各値は

$$C_2 = -\frac{1}{\omega X_1} = \frac{1}{2\pi \times 10^8 \times 0.7 \times 50} \approx 46.1 \text{ pF} \left.\vphantom{\frac{1}{\omega X_1}}\right\}$$

$$L_2 = -\frac{1}{\omega Y_2} = \frac{50}{2\pi \times 10^8 \times 1.0} \approx 79.6 \text{ nH} \left.\vphantom{\frac{1}{\omega Y_2}}\right\} \tag{18.68}$$

となる。

このようにスミスチャートを用いると，図式的にインピーダンス整合をとることができる。

18.6.4 スミスチャートを用いるインピーダンスの周波数特性の表示

スミスチャートには，インピーダンスの周波数特性をわかりやすく表示する機能がある。例えば図18.24(a) に示すπ形整合回路のインピーダンスZ_iの周波数特性を，スミスチャート上に表示したものが図18.24(b) である。周波数が1 MHzと低い場合は負荷インピーダンスは500 Ωの抵抗と容量C_1, C_2が並列に接続されたインピーダンスに位置し，周波数が高くなるにつれてインダクタLの影響が強くなりインピーダンスは定抵抗円の近くを時計回りに回転し，周波数10 MHzで50 Ωとなり，インピーダンス整合がとれる。その後，並列容量の効果が大きくなり定コンダクタンス円の近くを時計回りに回転し外周に向かっていく。周波数が100 MHzになるとほぼ外周円上になる。これは純粋な容量を表している。スミスチャート上にループがある場合は共振回路ができていることを示している。スミスチャートはこのように高周波回路の周波数特性を示すときによく用いられる。

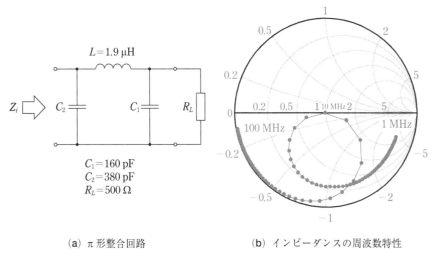

(a) π 形整合回路　　　　　　　　(b) インピーダンスの周波数特性

図18.24　π形整合回路と，スミスチャートを用いたインピーダンスの周波数特性の表示

スミスチャートと計算尺

　スミスチャートはインピーダンスやアドミッタンスを反射係数に置き換えることで，有限の空間に無限の値，それも複素数を表現している。中心の値である特性インピーダンスよりも大幅に大きい場合や大幅に小さい場合は，値そのものの誤差は大きくなるが，設計上は特性インピーダンス近傍の値が重要なので，誤差はあまり問題にならず実用的である。インピーダンス整合では円や半円上を回転させながら容量やインダクタンスを求めることができる。現代ではコンピュータシミュレーションが発達したので，図式解法を行わなくても値は求められるが，有限の平面上に0から無限大の特性を表示できることから高周波特性の表示方法として定着している。

　コンピュータが発達する以前は，設計においてチャートを用いた図式解法がよく使用された。例えば計算尺も図式解法を用いたものの1つである。対数の原理により乗除算が加減算になることを用いて計算尺で乗除算を行うことができる。この円盤タイプの計算尺（図1）も回転させて値を求める点でスミスチャートと似ている。筆者が大学時代には関数電卓がまだなかったので，学生実験では加減算

はそろばんで，乗除算，指数・対数計算，三角関数の計算は計算尺で行っていた。計算尺を侮ってはいけない。1970年に打ち上げられたアポロ13号は事故を起こし，地球への帰還が危うくなった。精密な軌道計算が必要だが当時小型コンピュータはできておらず，飛行士たちは計算尺で軌道計算を行った。映画にその様子が映っている。人類は小型コンピュータがない時代に計算尺で月に行けたのだが，コンピュータ全盛の時代に月にも行けないのは皮肉である。

　計算尺のようなアナログコンピュータは時代遅れのように思われるが，再び注目を集めている。量子コンピュータはアナログコンピュータの原理を用いているためである。デジタルの次は再度アナログになるかもしれない。

図1　計算尺

● 演習問題

18.1 図問18.1に示すように，長さ$\lambda/4$，特性インピーダンス$Z_0 = 50\ \Omega$の無損失線路が信号源抵抗$R_s = 50\ \Omega$の電圧源V_sで励振され，受端に負荷抵抗Rが接続されている。$|V_s| = 10\ \mathrm{V}$，$|I_1| = 40\ \mathrm{mA}$のとき，以下の値を求めよ。

(1) R

(2) $|V_1|$

(3) $|I_2|$

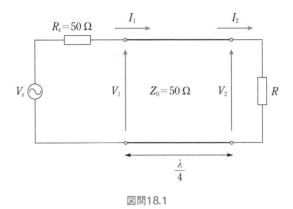

図問18.1

18.2 図問18.2に示すように，特性インピーダンスZ_0で長さdのショートスタブがある
とする。以下の問いに答えよ。

(1) 容量Cを0とし，並列共振周波数を10 GHzとしたい。このときの波長λを
30 mmとするときの最小の長さdを求めよ。

(2) 長さdが$\lambda/8$ のときに並列共振周波数を10 GHzにしたい。容量Cの値を求め
よ。

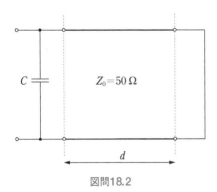

図問18.2

18.3 図問18.3に示すように，特性インピーダンス$Z_{01} = 50\ \Omega$の伝送線路と負荷
$Z_L = R+jX$の間に特性インピーダンス$Z_{02} = 100\ \Omega$，長さ$\lambda/8$の線路を挿入した
ところ，インピーダンス整合がとれた。RおよびXの値を求めよ。

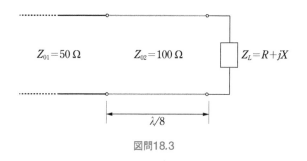

図問18.3

18.4 図問18.4に示すように，インダクタ L 側には特性インピーダンス Z_{01}，長さ $\lambda/4$ の無損失伝送線路を用い，容量 C 側には特性インピーダンス Z_{02}，長さ $\lambda/4$ の無損失伝送線路を用いて，両者を接続し，角周波数 ω_0 の電源で励振したところ並列共振が見られた。L と C 間に成り立つ関係を求めよ。

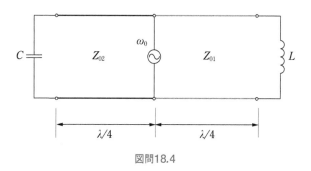

図問18.4

18.5 図問18.5の回路では，$R_s = 50\ \Omega$，$R_L = 200\ \Omega$ であり，周波数は100 MHzである。図(a)に示す L 直列 C 並列および図(b)に示す C 直列 L 並列の回路を用いて，インピーダンス整合をとる。このときの各回路素子の値を求めよ。

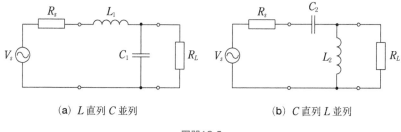

(a) L 直列 C 並列   (b) C 直列 L 並列

図問18.5

本章のまとめ

・**定在波**：伝送線路で進行する波に，反射による逆方向に進行する波が重なると，定在波が生じる。定在波では，電圧と電流が終端点からの波長で正規化した距離により強くなったり弱くなったりする。

・**定在波比**：定在波比 (SWR) は，電圧・電流の最大値と最小値から $\mathrm{SWR} = \dfrac{|v_{max}|}{|v_{min}|} = \dfrac{|i_{max}|}{|i_{min}|}$ と定義され，反射係数 $\varGamma_0$ を用いると，$\mathrm{SWR} = \dfrac{1 + |\varGamma_0|}{1 - |\varGamma_0|}$ で表される。

・**終端開放と終端短絡**：終端開放の場合は終端点において電圧が最大になり，電流が 0 になる。このときの反射係数 $\varGamma_0$ は 1 である。終端短絡の場合は終端点において電流が最大になり，電圧が 0 になる。このときの反射係数 $\varGamma_0$ は -1 である。

・**終端から距離 d 離れた点におけるインピーダンス**：終端から距離 d 離れた点における入力インピーダンス $Z_i(d)$ は $Z_i(d) = Z_0 \dfrac{Z_L + jZ_0 \tan(\beta d)}{Z_0 + jZ_L \tan(\beta d)}$ もしくは $Z_i(d) = Z_0 \dfrac{Z_L + jZ_0 \tan\left(2\pi \dfrac{d}{\lambda}\right)}{Z_0 + jZ_L \tan\left(2\pi \dfrac{d}{\lambda}\right)}$ で表される。

・**終端が短絡の場合のインピーダンス**：終端が短絡の場合の伝送線路はショートスタブと呼ばれ，終端から距離 d 離れた点における入力インピーダンス $Z_i(d)$ は $Z_i(d) = jZ_0 \tan(\beta d)$ もしくは $Z_i(d) = jZ_0 \tan\left(2\pi \dfrac{d}{\lambda}\right)$ である。距離 d に応じて入力側ではインダクタのように見えたり容量のように見えたりする。d が $\lambda/4$ まではインダクタのように見えることから，インダクタの代わりに用いられることがある。

・**終端が開放の場合のインピーダンス**：終端が開放の場合の伝送線路はオープンスタブと呼ばれ，終端から距離 d 離れた点における入力インピーダンス $Z_i(d)$ は $Z_i(d) = -jZ_0 \dfrac{1}{\tan(\beta d)}$ もしくは $Z_i(d) = -jZ_0 \dfrac{1}{\tan\left(2\pi \dfrac{d}{\lambda}\right)}$ である。

- 4分の1波長トランス：$\lambda/4$ の長さの伝送線路は4分の1波長トランスと呼ばれ，特別な意味を持っている。入力インピーダンス $Z_{in}(\lambda/4)$ は $Z_{in}\left(\dfrac{\lambda}{4}\right) = \dfrac{Z_0^2}{Z_L}$ であるので，伝送線路の特性インピーダンス Z_0 を選ぶことによりインピーダンス整合を行うことができる。

- 散乱行列：2つ以上のポートが存在する回路網を表現するとき，各ポートにおける入射波と反射波に注目し，それぞれのポート間の入力波と出力波の関係を表したものが散乱行列である。高周波回路においてよく使用される。

- スミスチャート：インピーダンスおよびアドミッタンスは反射係数で表すことができる。この性質を用いて，インピーダンスおよびアドミッタンスを円上に描いたものをスミスチャートと呼ぶ。

- スミスチャートの見方：インピーダンスチャートにおいては，中心は特性インピーダンス Z_0 であり，通常 $50\,\Omega$ が用いられる。右端から広がる円は定抵抗円を表し，半円状の線は定リアクタンス円を表す。上半面が正のリアクタンス，つまり誘導性リアクタンスを表し，下半面が負のリアクタンス，つまり容量性リアクタンスを表している。

  同様に，アドミッタンスチャートにおいては，左端から広がる円は定コンダクタンス円を表し，半円状の線は定サセプタンス円を表す。上半面が負のサセプタンス，つまり誘導性サセプタンスを表し，下半面が正のサセプタンス，つまり容量性サセプタンスを表している。

- スミスチャートとSWR：スミスチャートではさまざまな表示や操作が可能で，例えば1を中心とする円は同一のSWRを表し，その半径が反射係数 Γ_0 の絶対値を，角度が位相を与える。

- インピーダンス整合：最大限の電力を得るにはインピーダンス整合をとる必要がある。信号源および負荷のインピーダンスが共役複素数の関係にあるとき，インピーダンス整合がとれる。

- インピーダンス整合の方法：信号源および負荷のインピーダンス整合がとれない

ときは，リアクタンス素子を組み合わせて整合をとることができる。

・スミスチャートを用いたインピーダンス整合方法：スミスチャートを用いてイン
ピーダンス整合回路の回路定数を決定することも容易である。例えば，直列インダ
クタと並列容量の場合，定抵抗円と定コンダクタンス円が交わる点を見つけ，負荷
点から交差点までは直列インダクタを用い，交差点から信号点までは並列容量を用
いる。負荷点から交差点までのリアクタンス X_1 は定リアクタンス円の値から，交
差点から信号点までのサセプタンス Y_2 は定サセプタンス円の値から読み取り，直
列インダクタと並列容量の値を決めればよい。

第19章

スイッチング電源

　現代の電源は効率よく電圧を変換するために，インダクタと容量を用いた回路にスイッチングパルスを与えるスイッチング電源が広く用いられる。従来の「電気回路」の講義ではスイッチング電源は対象としておらず，主として「パワーエレクトロニクス」の講義で取り扱うことが多い。しかし我々にとって，スイッチング電源はとても身近である割にはあまり理解されていないことや，電気回路の応用上重要であり，インダクタや容量の電気的性質が明らかになるとともに電気回路への基本的な理解が促進されることから，本章で簡潔に説明する。

19.1　基本回路と動作

　基本的なスイッチング電源回路を図19.1に示す。電圧源 V_s から流れる電流の時間を制御するスイッチ SW が設けられ，周期 T の時間のうち $D_T T$ の時間だけスイッチが閉じられ，その間は電圧源 V_s から電流が流れる。ここで，$0 < D_T < 1$ でありデューティー比と呼ばれる。インダクタ L がスイッチと出力端子間に設けられ，出力端子間には容量 C が設けられている。鎖交磁束保存則からインダクタを流れる電流は一定で流れ続けようとするので，スイッチ SW がオフの $(1-D_T)T$ の期間はインダクタを流れる電流は接地端からダイオード D を通じて戻ってくる。

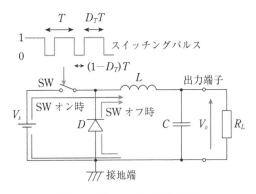

図19.1　スイッチング電源回路

　$V_s = 10\,\mathrm{V}$，インダクタ $L = 2\,\mu\mathrm{H}$，容量 $C = 10\,\mu\mathrm{F}$，負荷抵抗 $R_L = 0.4\,\Omega$，周期

$T = 0.5\,\mu\mathrm{s}$, デューティー比 $D_T = 0.5$ のときの出力電圧 V_o を図19.2に示す。応答は2次の回路のステップ応答に近い特性を示し，出力電圧は4.9 Vに漸近している。デューティー比が0.5なので，理論上は5.0 Vに漸近するはずだが，シミュレーションではスイッチやダイオードの抵抗損失やダイオードの順方向電圧の存在により若干低めの値になっている。インダクタを流れる電流を図19.3に示す。出力電圧が一定になる定常状態では出力電圧4.9 V，負荷抵抗0.4 Ωであるので，約12.25 Aの電流が流れる。また初期段階では，図19.3(b) に示すように，スイッチオン状態に電流が増大し，オフ状態に一定の電流を保つような波形になる。電圧が上昇してくるとスイッチオン状態の電流の増大が弱まり，オフ状態の電流の減少が強まるようなふるまいを示す。

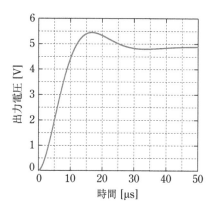

図19.2　**出力電圧**

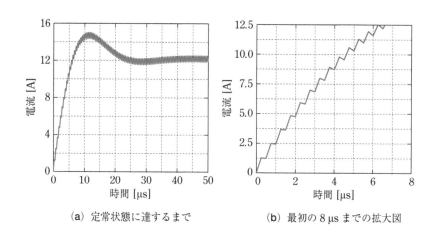

（a）定常状態に達するまで　　　（b）最初の 8 μs までの拡大図

図19.3　**インダクタを流れる電流**

19.2　差分モデル

　図19.1の回路はスイッチングされているので，そのふるまいをすべて解析的に解くことは難しい。そこで，この動作を解くために微小時間に成り立つ差分方程式を立ててシミュレーションを行う。スイッチング電源回路の**差分モデル**を導出する等価回路を図19.4に示す。また，折れ線近似を用いたインダクタを流れる電流を図19.5に示す。ここで，nはn番目のスイッチ状態を表す。

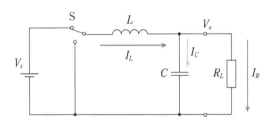

図19.4　**スイッチング電源回路の差分モデルを導出する等価回路**

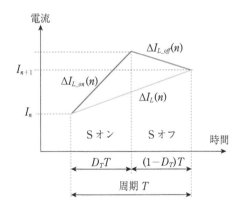

図19.5　**インダクタを流れる電流**

　インダクタを流れる電流の変化はインダクタに印加される電圧と印加している時間の積に比例する。時刻t_0から$t_0+\Delta t$において，インダクタに印加される電圧V_Lと流れる電流の変化ΔI_Lとの関係は

$$\Delta I_L = \frac{1}{L} \int_{t_0}^{t_0 + \Delta t} V_L \, dt \tag{19.1}$$

である。したがって，インダクタを流れる電流 I_L において，スイッチが電源 V_s を選択したときの変化分 $\Delta I_{L\_on}(n)$ は

$$\Delta I_{L\_on}(n) = \frac{D_T T}{L} \{V_s - V_o(n)\} \tag{19.2}$$

となる。スイッチ S がオフ状態では

$$\Delta I_{L\_off}(n) = -\frac{(1 - D_T)T}{L} V_o(n) \tag{19.3}$$

と近似できる。したがって，周期 T における正味の電流増加 $\Delta I_L(n)$ は

$$\Delta I_L(n) = \Delta I_{L\_on}(n) + \Delta I_{L\_off}(n) = \frac{T}{L} \{D_T V_s - V_o(n)\} \tag{19.4}$$

となる。これよりインダクタを流れる電流 $I_L(n+1)$ は

$$I_L(n + 1) = I_L(n) + \Delta I_L(n) \tag{19.5}$$

になる。容量 C を流れる電流 I_C は，インダクタ L を流れる電流 I_L から抵抗 R_L を流れる電流 I_R を引いたものなので，以下となる。

$$I_C(n) = I_L(n) - I_R(n) = I_L(n) - \frac{V_o(n)}{R_L} \tag{19.6}$$

　容量 C を流れる電流 I_C により容量に電荷が蓄積されて，出力電圧 V_o が変化するので

$$\Delta V_o(n) = \frac{T I_C(n)}{C} \tag{19.7}$$

したがって，

$$V_o(n + 1) = V_o(n) + \Delta V_o(n) \tag{19.8}$$

により，電圧を求めることができる。

　このような漸化式を用いて求めた，$T = 0.5\,\mu\text{s}$ のときの出力電圧 V_o とインダクタを流れる電流 I_L を図19.6 に示す。回路パラメータは，図19.1 の回路と同じである。

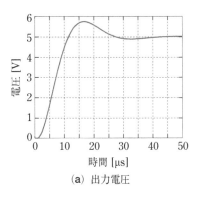

(a) 出力電圧

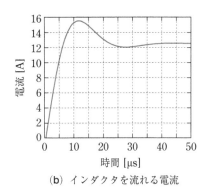

(b) インダクタを流れる電流

図19.6 漸化式を用いて求めた出力電圧とインダクタを流れる電流

　図19.2の回路シミュレータによるものとほぼ同等の波形となっている。図からわかるように，起動直後の出力電圧が低いとき，スイッチがオン状態ではインダクタにかかる電圧が大きいので電流増加が大きく，スイッチがオフ状態ではインダクタにかかる電圧が小さいので電流減少が小さい。このため平均電流の増加が大きく，インダクタを流れる電流は急激に増加する。出力電圧がある程度増加すると，スイッチがオン状態の電流増加とスイッチがオフ状態の電流減少がつり合うようになり，出力電圧が一定の定常状態になる。

　起動直後の出力電圧が低いとき，負荷抵抗を流れる電流は小さく，インダクタを流れる電流の大半は容量を流れる。このため，容量の電荷蓄積が進み，出力電圧は急激に上昇する。その様子を図19.7に示す。

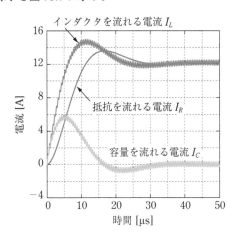

図19.7 各回路素子を流れる電流

電源 V_s から供給される電流と，ダイオード D を流れる電流を図19.8に示す。インダクタを流れる電流は連続的に変化するので，電流経路の切り替わりのタイミングで2つの電流値は一致する。電源 V_s から流れる電流は $D_T T$ の期間でのみ流れ，$(1 - D_T)T$ の期間では流れないので，平均電流はこの表示された値に D_T を掛けたものになる。

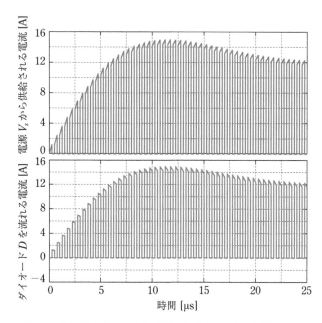

図19.8　**電源V_sから供給される電流とダイオードDを流れる電流**

19.3　定常状態

　定常出力の状態（**定常状態**）において，インダクタを流れる電流はスイッチがオン状態で上昇し，オフ状態で減少することを繰り返す。この状態では，図19.9に示すように，電流の増加分と減少分が等しくなる。このことを用いて，出力電圧を導出する。
　スイッチがオン状態ではインダクタを流れる電流の増加 ΔI_L は

$$\Delta I_L = \frac{V_s - V_o}{L} D_T T \tag{19.9}$$

となる。一方，スイッチがオフ状態ではインダクタを流れる電流は減少し，その変化

ΔI_L は

$$\Delta I_L = -\frac{V_o}{L}(1 - D_T)T \tag{19.10}$$

となる。定常状態では，電流の増加分と減少分が等しいので

$$\frac{V_s - V_o}{L}D_T T = \frac{V_o}{L}(1 - D_T)T \tag{19.11}$$

これより，

$$V_o = D_T V_s \tag{19.12}$$

となる。つまり，出力電圧 V_o は電源電圧 V_s にデューティー比 D_T を掛けたものになる。したがって，電源電圧が一定でもデューティー比，つまりパルス幅を変えてやれば，出力電圧が制御できる。

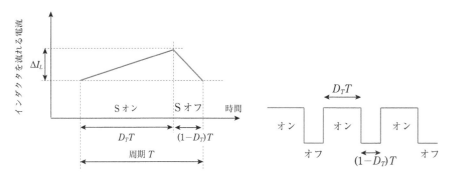

図19.9　定常状態でのインダクタを流れる電流　　図19.10　電圧源から流れる電流の状態

　次に電流と電力を考える。電圧源から流れる電流の状態を図**19.10**に示す。インダクタを流れる電流はスイッチ S がオン状態では電圧源から供給され，オフ状態では接地端から戻ってくる。このオフ状態では電源電流は流れない。定常状態では容量を流れる電流は小さく，インダクタを流れる電流のほとんどは負荷抵抗を流れる。定常状態で負荷抵抗を流れる電流 I_R は，式 (19.12) より

$$I_R = \frac{V_o}{R_L} = \frac{D_T V_s}{R_L} \tag{19.13}$$

となり，負荷抵抗で消費される電力 P_L は

$$P_L = I_R V_o = \frac{(D_T V_s)^2}{R_L} \tag{19.14}$$

となる。また，電圧源 V_s が供給する電力 P_s は以下となる。

$$P_s = V_s I_s = V_s D_T I_R = \frac{(D_T V_s)^2}{R_L} \tag{19.15}$$

したがって，電圧源 V_s が供給する電力 P_s はすべて負荷抵抗で消費される。これより，スイッチング電源は回路素子の抵抗やダイオードの順方向電圧が低い場合は極めて効率のよい電圧変換を実現していることがわかる。このように，スイッチング電源では電圧を直接変化させるのではなく，オンとオフの時間比を変えることで，電力効率のよい電圧制御を実現している。

　エネルギーの観点から少し説明を加える。スイッチがオンになるとインダクタ L の両端に電圧源 V_s と出力電圧 V_o の電位差 V_s-V_o が加えられ，インダクタが励磁される。インダクタに流れる電流は時間に比例して増加し，インダクタに蓄えられるエネルギーは電流の2乗に比例して増加し，スイッチがオフになる手前のタイミングで最大になる。スイッチがオフになると，鎖交磁束保存則からインダクタの電流を流し続けるようにダイオード D がオンとなり，電流は主として負荷抵抗 R_L を流れ，インダクタに蓄えたエネルギーを放出する。再びスイッチがオンになる直前では，電流はスイッチがオン直後の電流と等しくなるため，インダクタに蓄えたエネルギーはすべて負荷抵抗 R_L で消費している。この動作を繰り返すことで連続的に負荷抵抗に効率的なエネルギーを供給している。つまり，インダクタは電圧源からエネルギーを受け取り，その保存したエネルギーを効率的に負荷抵抗に放出しているといえる。

　ところで，スイッチング電源では，インダクタを流れる電流が周期的に脈動しているので，**リップル**と呼ばれる周期的な電圧変動を伴う。このリップルの大きさは，ある程度抑えなければならない。

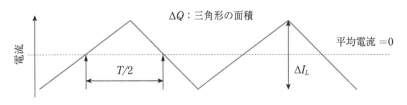

図19.11　インダクタを流れる電流波形

リップルの大きさを求める。図19.11 に示すように，インダクタを流れる電流変化 ΔI_L はすべて容量を流れるものとすると，それによる電荷変化 ΔQ が出力電圧変化 ΔV_o を引き起こす。したがって，

$$\Delta V_o = \frac{\Delta Q}{C} = \frac{1}{C}\frac{1}{2}\frac{\Delta I_L}{2}\frac{T}{2} = \frac{\Delta I_L T}{8C} \tag{19.16}$$

となり，式 (19.10)，(19.12) より，リップル電圧 ΔV_o は

$$\Delta V_o = \frac{\Delta I_L T}{8C} = \frac{D_T (1 - D_T)V_s T^2}{8LC} \tag{19.17}$$

となる。よって，**リップル率** γ は

$$\gamma = \frac{\Delta V_o}{V_o} = \frac{(1 - D_T)T^2}{8LC} \tag{19.18}$$

と求まる。同一の T や D_T においては，LC 積が大きいほどリップル率が下がる。容量は出力電圧の変化を抑え，安定した電圧を発生させることに寄与している。また，電源投入の初期段階においては，インダクタに蓄えられた磁気エネルギーを受け取り，静電エネルギーとして蓄えることで，出力電圧を徐々に定常状態になるまで上昇させる働きをする。

スイッチング電源においては注意すべき動作がある。インダクタを流れる電流を図19.12 に示す。定常状態において，インダクタを流れる電流は増加・減少の脈動を繰り返しながら，一定の電流を流し続ける。いま，インダクタを流れる電流変化を ΔI_L とすると，平均電流 I_{L_AVE} が $I_{L\_AVE} > \dfrac{\Delta I_L}{2}$ のときは，図19.12 の黒線のように，イン

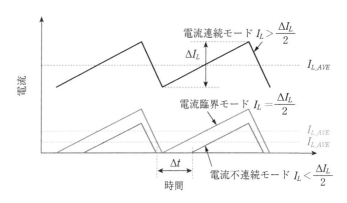

図19.12　インダクタを流れる電流の動作モード

ダクタを流れる電流は全期間において0にならない**電流連続モード**と呼ばれる正常な動作にある。また $I_{L\_AVE} = \dfrac{\Delta I_L}{2}$ のときは，図19.12の青線のように，**電流臨界モード**と呼ばれる全期間で0にならないギリギリの状態にある。しかし $I_{L\_AVE} < \dfrac{\Delta I_L}{2}$ のときは，図19.12の赤線のように，**電流不連続モード**と呼ばれる，時間 Δt においてインダクタを電流が流れない状態にあり，出力電圧は式 (19.12) に示した値からずれてくる。

設計においては，このような電流不連続モードにならないようにする必要がある。式 (19.10) より

$$| \Delta I_L |= \frac{V_o}{L}(1 - D_T)T = \frac{V_o}{L}T_{off} \tag{19.19}$$

また，定常状態ではインダクタを流れる平均電流 I_{L_AVE} は負荷抵抗を流れる電流 I_R に等しいので，式 (19.13) より

$$I_R = I_{L\_AVE} = \frac{V_o}{R_L} \tag{19.20}$$

これより電流連続モードの条件は $I_{L\_AVE} > \dfrac{\Delta I_L}{2}$ であるので，必要なインダクタンス L の条件

$$L > \frac{R_L}{2}T_{off} \tag{19.21}$$

が得られる。

19.4 状態平均化法による過渡応答の導出

スイッチング電源においては，電源投入時に出力電圧が規定電圧よりも高くならないことが求められるほか，スイッチ制御に対する応答特性を求める必要がある。

スイッチングによる細かいリップルを無視し，電源投入後のおおよその応答を求める方法として，入力電圧としてオン状態とオフ状態のデューティー比の平均電圧を用いる**状態平均化法**という近似方法がある。この方法を用いて過渡応答を導出する。

図19.1のスイッチング電源回路の電源投入後の等価回路を図**19.13**に示す。この図におけるスイッチSは電源投入を表し，電源は定常状態での出力電圧である $D_T V_s$ としている。

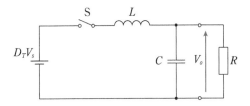

図19.13　スイッチング電源の等価回路

キルヒホッフの電流則を用い，電源投入をステップ応答で表すと，次が得られる。

$$\frac{\dfrac{D_T V_s}{s} - V_o(s)}{sL} - sCV_o(s) - \frac{V_o(s)}{R} = 0 \tag{19.22}$$

$$V_o(s) = \frac{D_T V_s}{LC} \frac{1}{s\left(s^2 + s\dfrac{1}{CR} + \dfrac{1}{LC}\right)} \tag{19.23}$$

2次の微分方程式の標準形は

$$G(s) = K\frac{\omega_n^2}{s^2 + 2\zeta\omega_n s + \omega_n^2} \tag{19.24}$$

なので，特性方程式

$$s^2 + 2\zeta\omega_n s + \omega_n^2 = 0 \tag{19.25}$$

の2つの根は，

$$p_1,\ p_2 = -\omega_n\left(\zeta \mp \sqrt{\zeta^2 - 1}\right) \tag{19.26}$$

となる。ここで

$$\left.\begin{array}{l} \omega_n = \dfrac{1}{\sqrt{LC}} \\[2ex] \zeta = \dfrac{1}{2R}\sqrt{\dfrac{L}{C}} \end{array}\right\} \tag{19.27}$$

である。

ダンピングファクター ζ により応答特性が変わるので，はじめにこの値を調べる。$R = 0.4\,\Omega$，$L = 2\,\mu\mathrm{H}$，$C = 10\,\mu\mathrm{F}$ を代入すると，

$$\zeta = \frac{1}{2R}\sqrt{\frac{L}{C}} = \frac{1}{0.8}\sqrt{\frac{2 \times 10^{-6}}{10 \times 10^{-6}}} = \frac{1}{0.8}\sqrt{\frac{1}{5}} = 0.56$$

となり，1以下であるので，p_1, p_2 は共役複素根となる。

出力電圧 $V_o(t)$ は，ラプラス逆変換を用いると，

$$V_o(t) = D_T V_s \cdot \mathcal{L}^{-1} \left\{ \frac{\omega_n^2}{s(s - p_1)(s - p_2)} \right\} \tag{19.28}$$

となる。このラプラス逆変換は少し複雑だが，以下のように整理することができる。

$$V_o(t) = D_T V_s \left(1 - \frac{1}{\sqrt{1 - \zeta^2}} e^{-\zeta \omega_n t} \sin\left(\sqrt{1 - \zeta^2}\, \omega_n t + \phi\right) \right) \tag{19.29}$$

ただし $\zeta < 1$ の場合，

$$\phi = \tan^{-1} \left(\frac{\sqrt{1 - \zeta^2}}{\zeta} \right) \tag{19.30}$$

である。

$$\left. \begin{aligned} \zeta \omega_n &= \frac{1}{2\tau} \\ \tau &= RC \end{aligned} \right\} \tag{19.31}$$

の関係を用いて，式 (19.29) を書き直すと

$$V_o(t) = D_T V_s \left(1 - \frac{1}{\sqrt{1 - \zeta^2}} e^{-\frac{t}{2\tau}} \sin\left(\sqrt{1 - \zeta^2}\, \omega_n t + \phi\right) \right) \tag{19.32}$$

となり，ややわかりやすくなる。各定数は R, L, C から求められ

$$\zeta = \frac{1}{2R} \sqrt{\frac{L}{C}} = \frac{1}{0.8} \sqrt{\frac{2 \times 10^{-6}}{10 \times 10^{-6}}} = \frac{1}{0.8} \sqrt{\frac{1}{5}} = 0.56$$

$$\omega_n = \frac{1}{\sqrt{LC}} = \frac{1}{\sqrt{2 \times 10^{-6} \times 10 \times 10^{-6}}} = \frac{10^6}{\sqrt{20}} = 2.2 \times 10^5 \, \text{rad/s}$$

$$\tau = RC = 0.4 \times 10 \times 10^{-6} = 4 \times 10^{-6} \, \text{s}$$

$$\sqrt{1 - \zeta^2} = 0.83$$

である。これらの値を式 (19.32) に代入して解析的に求めた出力電圧の応答を図 **19.14** に示す。図 19.2 の回路シミュレーションで求めた応答とよく一致し，状態平均化法による近似が有効であることがわかる。

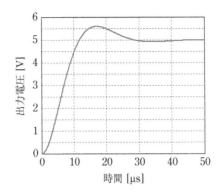

図19.14　解析的に求めた出力電圧の応答

ところで，以上においては$\zeta < 1$ として応答を解いたが，ζ がその他の場合を以下に示す。

$\zeta > 1$ の場合：

$$V_o\,(t) = D_T V_s \left(1 - \frac{1}{\sqrt{\zeta^2 - 1}}\, e^{-\zeta \omega_n t} \sinh\left(\sqrt{\zeta^2 - 1}\, \omega_n t + \phi \right) \right) \tag{19.33}$$

$$\text{ただし，} \quad \phi = \tanh^{-1}\left(\frac{\sqrt{\zeta^2 - 1}}{\zeta} \right) \tag{19.34}$$

$\zeta = 1$ の場合：

$$V_o\,(t) = D_T V_s \left(1 - (1 + \omega_n t) e^{-\omega_n t} \right) \tag{19.35}$$

例19.1

動作周波数：200 kHz，入力電圧：12 V，出力電圧：5 V，負荷電流：2 A，リップル率：0.2 % の電源を設計する。ただし，スイッチやダイオードの抵抗損失やダイオードの順方向電圧などの損失はすべて 0 とみなす。

1)　インダクタ値の仮決定

式 (19.21) より使用するインダクタは，$L > \dfrac{R_L}{2} T_{off}$ を満足する必要がある。負荷電流は 2 A なので，負荷抵抗は $R_L = \dfrac{V_o}{I_{min}} = \dfrac{5}{2} = 2.5\,\Omega$ となる。動作周波数 200 kHz の

周期 T は 5 μs なので，出力電圧 5 V のときの T_{off} は $\dfrac{12-5}{12} \times 5\,\text{μs} = 2.92\,\text{μs}$ である。
よって，

$$L > \frac{R_L}{2}T_{off} = \frac{2.5}{2} \times 2.92 \times 10^{-6} = 3.65\,\text{μH}$$

2) 容量値の仮決定

式 (19.18) より，容量 C は

$$C = \frac{(1-D_T)T^2}{8L\gamma} \tag{19.36}$$

であるので，$D_T = \dfrac{5}{12} \approx 0.42$，$T = 5.0\,\text{μs}$，$L = 3.65\,\text{μH}$，$\gamma = 0.002$ を代入して

$$C = \frac{(1-0.42) \times (5 \times 10^{-6})^2}{8 \times 3.65 \times 10^{-6} \times 0.002} \approx 248\,\text{μF}$$

と求まる。

3) 応答特性の確認

式 (19.27) を用いて応答特性を確認する。各値を代入すると，

$$\omega_n = \frac{1}{\sqrt{LC}} = \frac{1}{\sqrt{3.65 \times 10^{-6} \times 2.48 \times 10^{-4}}} \approx 3.32 \times 10^4$$

$$\therefore f_n = \frac{\omega_n}{2\pi} = \frac{3.32 \times 10^4}{2\pi} \approx 5.29\,\text{kHz}$$

$$\zeta = \frac{1}{2R}\sqrt{\frac{L}{C}} = \frac{1}{2 \times 2.5}\sqrt{\frac{3.65 \times 10^{-6}}{2.48 \times 10^{-4}}} = 0.024$$

が得られる。しかし，このままではダンピングファクター ζ があまりに低いので，正常動作するとは考えられない。

そこではじめに，ダンピングファクター ζ を 1 に設定して，インダクタの値と容量を求める。式 (19.27) の第 2 式より

$$\frac{L}{C} = 4\,(R_L\zeta)^2 \tag{19.37}$$

リップル率から容量 C を与える式 (19.18) を用いると，式 (19.37) は

$$L = R_L \zeta T \sqrt{\frac{(1 - D_T)}{2\gamma}} \tag{19.38}$$

となる。式 (19.38) に値を代入し，R_L は $2.5\,\Omega$ を用いると以下となる。

$$L = 2.5 \times 1.0 \times 5 \times 10^{-6} \sqrt{\frac{0.58}{2 \times 0.002}} \approx 150\,\mu\mathrm{H}$$

容量 C は式 (19.34) より

$$C = \frac{L}{4\,(R_L \zeta)^2} \tag{19.39}$$

式 (19.39) に値を代入し，以下となる。

$$C = \frac{1.50 \times 10^{-4}}{4 \times (2.5 \times 1)^2} \approx 6.0\,\mu\mathrm{F}$$

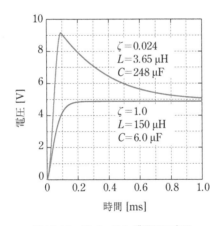

図19.15　スイッチング電源の応答

　2つの回路パラメータを用いたスイッチング電源の応答を図 19.15 に示す。ダンピングファクターζを1に設定した赤線は正常な応答を示すが，ダンピングファクターζが0.024の青線は大きな**オーバーシュート**を生じ，回復まで長い時間がかかっており正常動作していない。出力電圧が規定よりもかなり高くなると，部品や機器の信頼上の問題を引き起こす。ダンピングファクターζを1に設定したときのリップル波形を図 19.16 に示す。リップル電圧は設計どおり，リップル率 $\gamma = 0.2\,\%$ の $10\,\mathrm{m}V_{pp}$ に

なっている。

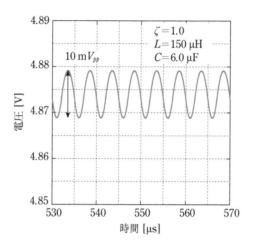

図19.16　リップル波形（$\zeta = 1.0$のとき）

COLUMN　電流を切ると危険

　インダクタを用いたスイッチング電源では，図10.4のようにスイッチでインダクタを流れる電流経路を切り替えればよく，なぜわざわざダイオードを用いるのか疑問に思うかもしれない。ダイオードを用いると順方向で電圧降下（0.2 V ～ 0.7 V程度）があり，電力のロスを生じるので，できれば使用したくない。しかしスイッチのみを用いると，スイッチの切り替わりの瞬間のわずかな時間に電流経路が切れてしまう。インダクタの電流経路が切れると，小さな寄生容量に大電流が流れ込むのでインダクタの両端に極めて高い電圧が発生し，機器が破損してしまう。ダイオードを用いると電圧がかかった瞬間に電流が流れるので，高電圧を発生することはなく安全に動作する。このため，単なるスイッチではなくダイオードが用いられている。

● 演習問題

19.1 図問19.1に示すスイッチング電源回路において，以下の問いに答えよ。

(1) 出力電圧が$V_o(n)$のときスイッチをV_s側に倒した。微小時間ΔtにおけるインダクタLを流れる電流の変化ΔI_Lを求めよ。

(2) 出力電圧が$V_o(n)$のときスイッチを接地側に倒した。微小時間ΔtにおけるインダクタLを流れる電流の変化ΔI_Lを求めよ。

(3) 周期をTとし，スイッチをV_s側にしている時間を$D_T T$，スイッチを接地側にしている時間を$(1-D_T)T$としたとき，インダクタを流れる電流の増加分と減少分が等しくなる出力電圧V_oを求めよ。

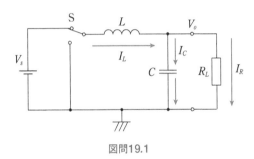

図問19.1

19.2 図問19.1に示す回路において，$V_s = 10\,\text{V}$，$T = 0.5\,\mu\text{s}$，$D_T = 0.5$，$L = 2\,\mu\text{H}$，$C = 10\,\mu\text{F}$，$R_L = 0.4\,\Omega$とする。以下の問いに答えよ。

(1) V_oを2 Vとする。このとき，スイッチがオン状態のインダクタ電流の変化ΔI_{L_on}，スイッチがオフ状態の電流の変化ΔI_{L_off}，1周期Tにおけるインダクタ電流の変化$\Delta I_L = \Delta I_{L\_on} + \Delta I_{L\_off}$を求めよ。また，このとき出力電圧は増加・減少・横ばいのいずれか。

(2) V_oを5 Vとする。このとき，スイッチがオン状態のインダクタ電流の変化ΔI_{L_on}，スイッチがオフ状態の電流の変化ΔI_{L_off}，1周期Tにおけるインダクタ電流の変化$\Delta I_L = \Delta I_{L\_on} + \Delta I_{L\_off}$を求めよ。また，このとき出力電圧は増加・減少・横ばいのいずれか。

(3) V_oを8 Vとする。このとき，スイッチがオン状態のインダクタ電流の変化ΔI_{L_on}，スイッチがオフ状態の電流の変化ΔI_{L_off}，1周期Tにおけるインダクタ電流の変化$\Delta I_L = \Delta I_{L\_on} + \Delta I_{L\_off}$を求めよ。また，このとき出力電圧は増加・減少・横ばいのいずれか。

19.3 図問19.1に示す回路において，電源は定常状態にあり，出力電圧V_oは5 Vである
とする。また，他の回路パラメータは問19.2と同じとする。以下の問いに答え
よ。

(1) 抵抗で消費される電力P_Lと電源が供給する電力P_sを求めよ。

(2) 抵抗R_Lを流れる電流I_Rと電源V_sから供給される電流I_sを求めよ。

(3) リップル電圧ΔV_oとリップル率γを求めよ。

19.4 図問19.1に示す回路において，動作周波数は400 kHz，入力電圧V_sは10 V，出力
電圧V_oは4 V，負荷抵抗を流れる電流I_Rは10 A，リップル率γは0.1%とする。こ
のときの電源の容量C，インダクタンスLを状態平均化法より求めよ。ただし，
ダンピングファクタζは0.7とする。

本章のまとめ

・インダクタのスイッチング：インダクタを流れる電流の変化はインダクタに印加された電圧と，印加している時間の積に比例するので，スイッチを用いて断続的に電圧源をインダクタに接続することで，負荷で消費される電流を補うことができる。

・インダクタを流れる電流の性質：インダクタを流れる電流は鎖交磁束保存則から一定であろうとするので，スイッチを接地側に切り替えるとインダクタを流れる電流は電圧源側ではなく接地側から流れる。このため，ほぼ連続的に負荷に電流を供給できる。

・スイッチング電源の出力電圧：スイッチング電源の出力電圧は入力電圧にスイッチのデューティー比をかけたものになる。

・リップル：スイッチング電源ではスイッチングによるリップルは避けられない。しかし，負荷に接続されている容量が出力電圧を保持し，インダクタを流れる電流の変化分に伴う電荷を容量から供給することで出力電圧を安定に保っている。リップルは LC 積に反比例する。

・必要なインダクタンス：インダクタを流れる電流が途切れないようにインダクタの値を決める必要がある。負荷抵抗が高く，スイッチをオフにする期間が長いと大きなインダクタが必要となる。

・状態平均化法：回路系への入力電圧としてデューティー比の平均電圧を用いる状態平均化法という近似方法により，スイッチング電源の過渡応答を求めることができる。

LC ラダーフィルタの定数

表A.1　バターワースフィルタの定数

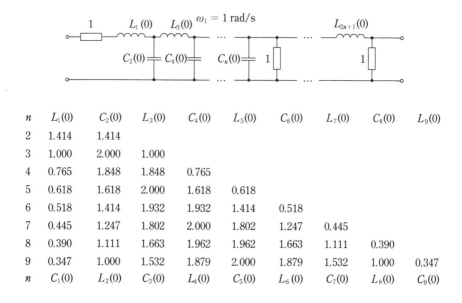

n	$L_1(0)$	$C_2(0)$	$L_3(0)$	$C_4(0)$	$L_5(0)$	$C_6(0)$	$L_7(0)$	$C_8(0)$	$L_9(0)$
2	1.414	1.414							
3	1.000	2.000	1.000						
4	0.765	1.848	1.848	0.765					
5	0.618	1.618	2.000	1.618	0.618				
6	0.518	1.414	1.932	1.932	1.414	0.518			
7	0.445	1.247	1.802	2.000	1.802	1.247	0.445		
8	0.390	1.111	1.663	1.962	1.962	1.663	1.111	0.390	
9	0.347	1.000	1.532	1.879	2.000	1.879	1.532	1.000	0.347
n	$C_1(0)$	$L_2(0)$	$C_3(0)$	$L_4(0)$	$C_5(0)$	$L_6(0)$	$C_7(0)$	$L_8(0)$	$C_9(0)$

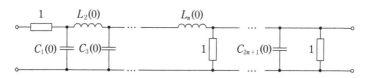

表A.2　チェビシェフフィルタの定数

チェビシェフ0.01 dB

n	$L_1(0)$	$C_2(0)$	$L_3(0)$	$C_4(0)$	$L_5(0)$	$C_6(0)$	$L_7(0)$	$C_8(0)$	$L_9(0)$
3	1.181	1.821	1.181						
5	0.977	1.685	2.037	1.685	0.977				
7	0.913	1.595	2.002	1.870	2.002	1.595	0.913		
9	0.885	1.551	1.961	1.862	2.072	1.862	1.961	1.551	0.885
n	$C_1(0)$	$L_2(0)$	$C_3(0)$	$L_4(0)$	$C_5(0)$	$L_6(0)$	$C_7(0)$	$L_8(0)$	$C_9(0)$

チェビシェフ0.1 dB

n	$L_1(0)$	$C_2(0)$	$L_3(0)$	$C_4(0)$	$L_5(0)$	$C_6(0)$	$L_7(0)$	$C_8(0)$	$L_9(0)$
3	1.433	1.594	1.433						
5	1.301	1.556	2.241	1.556	1.301				
7	1.262	1.520	2.239	1.680	2.239	1.520	1.262		
9	1.245	1.502	2.222	1.683	2.296	1.683	2.222	1.502	1.245
n	$C_1(0)$	$L_2(0)$	$C_3(0)$	$L_4(0)$	$C_5(0)$	$L_6(0)$	$C_7(0)$	$L_8(0)$	$C_9(0)$

チェビシェフ0.25 dB

n	$L_1(0)$	$C_2(0)$	$L_3(0)$	$C_4(0)$	$L_5(0)$	$C_6(0)$	$L_7(0)$	$C_8(0)$	$L_9(0)$
3	1.633	1.436	1.633						
5	1.540	1.435	2.440	1.435	1.540				
7	1.512	1.417	2.453	1.535	2.453	1.417	1.512		
9	1.500	1.408	2.445	1.541	2.508	1.541	2.445	1.408	1.500
n	$C_1(0)$	$L_2(0)$	$C_3(0)$	$L_4(0)$	$C_5(0)$	$L_6(0)$	$C_7(0)$	$L_8(0)$	$C_9(0)$

チェビシェフ0.5 dB

n	$L_1(0)$	$C_2(0)$	$L_3(0)$	$C_4(0)$	$L_5(0)$	$C_6(0)$	$L_7(0)$	$C_8(0)$	$L_9(0)$
3	1.864	1.280	1.864						
5	1.807	1.302	2.691	1.302	1.807				
7	1.790	1.296	2.718	1.385	2.718	1.296	1.790		
9	1.782	1.292	2.716	1.392	2.773	1.392	2.716	1.292	1.782
n	$C_1(0)$	$L_2(0)$	$C_3(0)$	$L_4(0)$	$C_5(0)$	$L_6(0)$	$C_7(0)$	$L_8(0)$	$C_9(0)$

チェビシェフ1 dB

n	$L_1(0)$	$C_2(0)$	$L_3(0)$	$C_4(0)$	$L_5(0)$	$C_6(0)$	$L_7(0)$	$C_8(0)$	$L_9(0)$
3	2.216	1.088	2.216						
5	2.207	1.128	3.102	1.128	2.207				
7	2.204	1.131	3.147	1.194	3.147	1.131	2.204		
9	2.202	1.131	3.154	1.202	3.208	1.202	3.154	1.131	2.202
n	$C_1(0)$	$L_2(0)$	$C_3(0)$	$L_4(0)$	$C_5(0)$	$L_6(0)$	$C_7(0)$	$L_8(0)$	$C_9(0)$

チェビシェフ2 dB

n	$L_1(0)$	$C_2(0)$	$L_3(0)$	$C_4(0)$	$L_5(0)$	$C_6(0)$	$L_7(0)$	$C_8(0)$	$L_9(0)$
3	2.800	0.860	2.800						
5	2.864	0.909	3.827	0.909	2.864				
7	2.882	0.917	3.901	0.959	3.901	0.917	2.882		
9	2.890	0.920	3.920	0.968	3.974	0.968	3.920	0.920	2.890
n	$C_1(0)$	$L_2(0)$	$C_3(0)$	$L_4(0)$	$C_5(0)$	$L_6(0)$	$C_7(0)$	$L_8(0)$	$C_9(0)$

チェビシェフ3 dB

n	$L_1(0)$	$C_2(0)$	$L_3(0)$	$C_4(0)$	$L_5(0)$	$C_6(0)$	$L_7(0)$	$C_8(0)$	$L_9(0)$
3	3.350	0.712	3.350						
5	3.482	0.762	4.538	0.762	3.482				
7	3.519	0.772	4.639	0.804	4.639	0.772	3.519		
9	3.534	0.776	4.669	0.812	4.727	0.812	4.669	0.776	3.534
n	$C_1(0)$	$L_2(0)$	$C_3(0)$	$L_4(0)$	$C_5(0)$	$L_6(0)$	$C_7(0)$	$L_8(0)$	$C_9(0)$

演習問題の解答

🔌 第 11 章

11.1

(1) $V_{out} = \dfrac{R_f}{2R_s} V_{ref}$

(2) $V_{out} = \dfrac{R_f}{4R_s} V_{ref}$

(3) $V_{out} = \dfrac{R_f}{8R_s} V_{ref}$

(4) 重ね合わせの理が適用できるので, $V_{out} = \dfrac{V_{ref}}{R_s} \left(\dfrac{1}{2} D_1 + \dfrac{1}{4} D_2 + \dfrac{1}{8} D_3 \right)$

11.2

仮想接地が成り立っているので, C 点から上を見た抵抗と, 右を見たときの抵抗はともに $2R_s$ である。したがって, C 点に向かって左から流れ込んだ電流の半分が C 点から上を見た抵抗を流れる。また B 点から右を見たときの抵抗は $2R_s$ である。したがって, B 点に向かって左から流れ込んだ電流の半分が B 点から上を見た抵抗を流れる。A 点から右を見たときの抵抗は $2R_s$ である。したがって, A 点に向かって左から流れ込んだ電流の半分が A 点から上を見た抵抗を流れる。まとめると, A 点に向かって左から流れ込んだ電流を I_s とすると, $I_s/2$ が A 点から上を見た抵抗を流れ, $I_s/4$ が B 点から上を見た抵抗を流れ, $I_s/8$ が C 点から上を見た抵抗を流れる。また, $I_s = -\dfrac{V_{ref}}{R_s}$ である。

(1) $V_{out} = \dfrac{R_f}{2R_s} V_{ref}$

(2) $V_{out} = \dfrac{R_f}{4R_s} V_{ref}$

(3) $V_{out} = \dfrac{R_f}{8R_s} V_{ref}$

(4) 重ね合わせの理が適用できるので, $V_{out} = \dfrac{V_{ref}}{R_s} \left(\dfrac{1}{2} D_1 + \dfrac{1}{4} D_2 + \dfrac{1}{8} D_3 \right)$

11.3 非反転入力端の電圧 V_{i_p} に関して,

$$V_{i\_p} \left(\frac{1}{R_f} + \frac{1}{R + \Delta R} + \frac{1}{R - \Delta R} \right) = \frac{V_{ref}}{R - \Delta R}$$

$$\therefore V_{i\_p} = \frac{V_{ref}}{(R - \Delta R) \left(\dfrac{1}{R_f} + \dfrac{1}{R + \Delta R} + \dfrac{1}{R - \Delta R} \right)}$$

反転入力端の電圧 V_{i_n} に関して,

$$\frac{V_{i\_n}}{R - \Delta R} + \frac{V_{i\_n} - V_{out}}{R_f} + \frac{V_{i\_n} - V_{ref}}{R + \Delta R} = 0$$

$$V_{i\_n}\left(\frac{1}{R_f} + \frac{1}{R + \Delta R} + \frac{1}{R - \Delta R}\right) = \frac{V_{out}}{R_f} + \frac{V_{ref}}{R + \Delta R}$$

$$\therefore V_{i\_n} = \frac{\dfrac{V_{out}}{R_f} + \dfrac{V_{ref}}{R + \Delta R}}{\dfrac{1}{R_f} + \dfrac{1}{R + \Delta R} + \dfrac{1}{R - \Delta R}}$$

仮想短絡が成り立っているので，$V_{i\_n} = V_{i\_p}$ となる。したがって，

$$\frac{V_{ref}}{R - \Delta R} = \frac{V_{out}}{R_f} + \frac{V_{ref}}{R + \Delta R}$$

$$\therefore V_{out} = V_{ref} \cdot R_f \left(\frac{1}{R - \Delta R} - \frac{1}{R + \Delta R}\right)$$

$$= V_{ref} \cdot \frac{R_f}{R}\left(\frac{1}{1 - \dfrac{\Delta R}{R}} - \frac{1}{1 + \dfrac{\Delta R}{R}}\right) \approx V_{ref} \cdot \frac{R_f}{R} \cdot 2\frac{\Delta R}{R}$$

11.4

(1) $\quad V_{out} = \dfrac{V_{sig}}{RC}t$

(2) $\quad V_{out} = \dfrac{1}{RC}\left(V_{sig}\,T - V_{ref}t_c\right)$

(3) $\quad t_{c0} = T\dfrac{V_{sig}}{V_{ref}}$

11.5

(1) 電圧利得は $G_v = \left|\dfrac{1}{j\omega CR_1}\right|$。この値が1になる周波数は，$f_{t1} = \dfrac{1}{2\pi CR_1} \approx 99.5\,\mathrm{MHz}$

(2) 電圧利得は $G_v = \dfrac{R_2}{R_1}\dfrac{1}{1 + sCR_2}$。これより，直流利得は $\dfrac{R_2}{R_1} = 100\ (40\,\mathrm{dB})$ となる。電圧利

得が3 dB 低下する周波数は，$f_p = \dfrac{1}{2\pi CR_2} \approx 995\,\mathrm{kHz}$

(3) $G_v = \dfrac{R_2}{R_1}\dfrac{1 + sCR_3}{1 + sC(R_2 + R_3)} \approx \dfrac{R_2}{R_1}\dfrac{1 + sCR_3}{1 + sCR_2}$ より，ゼロを与える周波数は $f_z = \dfrac{1}{2\pi CR_3} \approx 99.5\,\mathrm{MHz}$

となる。周波数特性の概略を図解11.1に示す。

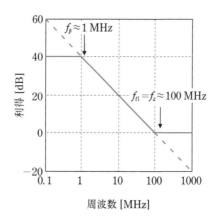

図解11.1

🎙 第12章

12.1 $\begin{bmatrix} A & B \\ C & D \end{bmatrix} = \begin{bmatrix} 1 & j\omega L \\ 0 & 1 \end{bmatrix}\begin{bmatrix} 1 & 0 \\ j\omega C & 1 \end{bmatrix} = \begin{bmatrix} 1-\omega^2 LC & j\omega L \\ j\omega C & 1 \end{bmatrix}$

12.2 $\begin{bmatrix} A & B \\ C & D \end{bmatrix} = \begin{bmatrix} 1 & j\omega L \\ 0 & 1 \end{bmatrix}\begin{bmatrix} 1 & 0 \\ j\omega C & 1 \end{bmatrix}\begin{bmatrix} 1 & j\omega L \\ 0 & 1 \end{bmatrix} = \begin{bmatrix} 1-\omega^2 LC & j\omega L \\ j\omega C & 1 \end{bmatrix}\begin{bmatrix} 1 & j\omega L \\ 0 & 1 \end{bmatrix}$

$$= \begin{bmatrix} 1-\omega^2 LC & j\omega L(2-\omega^2 LC) \\ j\omega C & 1-\omega^2 LC \end{bmatrix}$$

12.3 $\begin{bmatrix} A & B \\ C & D \end{bmatrix} = \begin{bmatrix} 1 & 0 \\ j\omega C & 1 \end{bmatrix}\begin{bmatrix} 1 & j\omega L \\ 0 & 1 \end{bmatrix}\begin{bmatrix} 1 & 0 \\ j\omega C & 1 \end{bmatrix} = \begin{bmatrix} 1 & j\omega L \\ j\omega C & 1-\omega^2 LC \end{bmatrix}\begin{bmatrix} 1 & 0 \\ j\omega C & 1 \end{bmatrix}$

$$= \begin{bmatrix} 1-\omega^2 LC & j\omega L \\ j\omega C(2-\omega^2 LC) & 1-\omega^2 LC \end{bmatrix}$$

12.4

(1) $\begin{bmatrix} A & B \\ C & D \end{bmatrix} = \begin{bmatrix} 1 & 0 \\ j\omega C & 1 \end{bmatrix}\begin{bmatrix} 1 & j\omega L \\ 0 & 1 \end{bmatrix} = \begin{bmatrix} 1 & j\omega L \\ j\omega C & 1-\omega^2 LC \end{bmatrix}$

(2) $Y_i = \dfrac{1}{Z_i} = \dfrac{CR_L + D}{AR_L + B}$ より

$$Y_i = \frac{1-\omega^2 LC + j\omega CR_L}{R_L + j\omega L} = \frac{R_L - j\omega\{L(1-\omega^2 LC) - CR_L{}^2\}}{R_L{}^2 + (\omega L)^2}$$

(3) $\quad \mathrm{Re}\,\{Y_i\} = \dfrac{R_L}{R_L{}^2 + (\omega L)^2} = \dfrac{1}{1 + Q^2}\dfrac{1}{R_L}$

(4) $\quad R_s = (1 + Q^2)R_L$ より，$Q = \sqrt{\dfrac{R_s}{R_L} - 1}$。ただし，$R_s > R_L$ である。

(5) $\quad \mathrm{Im}\,\{Y_i\} = L\left(1 - \omega^2 LC\right) - CR_L{}^2 = 0$ より，$\omega = \sqrt{\dfrac{1}{LC} - \left(\dfrac{R_L}{L}\right)^2}$

(6) $\quad Q = \sqrt{\dfrac{R_s}{R_L} - 1} = \sqrt{5 - 1} = 2$ より，$L = \dfrac{QR_L}{\omega} = \dfrac{2 \times 10}{2\pi \times 10^8} \approx 3.18 \times 10^{-8}\,\mathrm{H}$

$\quad C = \dfrac{1}{L\left\{\omega^2 + \left(\dfrac{R_L}{L}\right)^2\right\}} = \dfrac{1}{3.18 \times 10^{-8} \times \left\{(2\pi \times 10^8)^2 + \left(\dfrac{10}{3.18 \times 10^{-8}}\right)^2\right\}} \approx 6.38 \times 10^{-11}\,\mathrm{F}$

12.5
(1) 式 (12.7) より，π 形回路の Y パラメータは

$$\left.\begin{array}{l} Y_{11} = Y_1 + Y_2 \\ Y_{12} = Y_{21} = -Y_2 \\ Y_{22} = Y_2 + Y_3 \end{array}\right\}$$

これを Z パラメータに変換すると，式 (12.14) より

$$\left.\begin{array}{l} \Delta_Y = Y_{11}Y_{22} - Y_{12}Y_{21} = Y_1 Y_2 + Y_2 Y_3 + Y_3 Y_1 \\[2mm] Z_{11} = \dfrac{Y_{22}}{\Delta_Y} = \dfrac{Y_2 + Y_3}{Y_1 Y_2 + Y_2 Y_3 + Y_3 Y_1} \\[2mm] Z_{12} = Z_{21} = -\dfrac{Y_{12}}{\Delta_Y} = -\dfrac{Y_{21}}{\Delta_Y} = \dfrac{Y_2}{Y_1 Y_2 + Y_2 Y_3 + Y_3 Y_1} \\[2mm] Z_{22} = \dfrac{Y_{11}}{\Delta_Y} = \dfrac{Y_1 + Y_2}{Y_1 Y_2 + Y_2 Y_3 + Y_3 Y_1} \end{array}\right\}$$

となる。よって，T 形回路のインピーダンス Z_1, Z_2, Z_3 は，式 (12.10) より

$$\left.\begin{array}{l} Z_2 = Z_{12} = Z_{21} = \dfrac{Y_2}{Y_1 Y_2 + Y_2 Y_3 + Y_3 Y_1} \\[2mm] Z_1 = Z_{11} - Z_2 = \dfrac{Y_3}{Y_1 Y_2 + Y_2 Y_3 + Y_3 Y_1} \\[2mm] Z_3 = Z_{22} - Z_2 = \dfrac{Y_1}{Y_1 Y_2 + Y_2 Y_3 + Y_3 Y_1} \end{array}\right\}$$

(2) 式 (12.10) より T 形回路の Z パラメータは

$$\left.\begin{array}{l} Z_{11} = Z_1 + Z_2 \\ Z_{12} = Z_{21} = Z_2 \\ Z_{22} = Z_2 + Z_3 \end{array}\right\}$$

これを Y パラメータに変換すると，式 (12.12) より

$$\Delta_Z = Z_{11}Z_{22} - Z_{12}Z_{21} = Z_1 Z_2 + Z_2 Z_3 + Z_3 Z_1$$

$$Y_{11} = \frac{Z_{22}}{\Delta_Z} = \frac{Z_2 + Z_3}{Z_1 Z_2 + Z_2 Z_3 + Z_3 Z_{11}}$$

$$Y_{12} = Y_{21} = -\frac{Z_{12}}{\Delta_Z} = -\frac{Z_{21}}{\Delta_Z} = -\frac{Z_2}{Z_1 Z_2 + Z_2 Z_3 + Z_3 Z_1}$$

$$Z_{22} = \frac{Z_{11}}{\Delta_Z} = \frac{Z_1 + Z_2}{Z_1 Z_2 + Z_2 Z_3 + Z_3 Z_1}$$

となる。よって，π 形回路のアドミッタンス Y_1, Y_2, Y_3 は，式 (12.7) より

$$Y_2 = -Y_{12} = -Y_{21} = \frac{Z_2}{Z_1 Z_2 + Z_2 Z_3 + Z_3 Z_1}$$

$$Y_1 = Y_{11} - Y_2 = \frac{Z_3}{Z_1 Z_2 + Z_2 Z_3 + Z_3 Z_1}$$

$$Y_3 = Y_{22} - Y_2 = \frac{Z_1}{Z_1 Z_2 + Z_2 Z_3 + Z_3 Z_1}$$

🐟 第 13 章

13.1 $N = \dfrac{\log\left\{\sqrt{\dfrac{10^{A_s/10} - 1}{10^{A_p/10} - 1}}\right\}}{\log\left(\dfrac{\omega_s}{\omega_p}\right)} = \dfrac{\log\left\{\sqrt{\dfrac{10^{80/10} - 1}{10^{3/10} - 1}}\right\}}{\log(10)} \approx \dfrac{\log\left\{\sqrt{\dfrac{10^8}{0.995}}\right\}}{1} \approx 4.5$ より，フィル

タ次数は 5 次である。

13.2

(1) 伝達関数 $H_5(s) = \dfrac{1}{(s + 1)(s^2 + B_1 s + 1)(s^2 + B_2 s + 1)}$

ただし，$B_k = 2\sin\left(\dfrac{\pi}{2} \cdot \dfrac{2k - 1}{N}\right)$, $k = 1, 2$

$B_1 = 2\sin\left(\dfrac{\pi}{10}\right) \approx 0.618$, $B_2 = 2\sin\left(\dfrac{3\pi}{10}\right) \approx 1.618$ より，

$$H_5(s) = \frac{1}{(s + 1)(s^2 + 0.618s + 1)(s^2 + 1.618s + 1)}$$

(2) ポールの位置は $p_k = e^{j\frac{\pi}{2}\left(1 + \frac{2k - 1}{N}\right)}$。よって，5 次の場合は $p_k = e^{j\left(\frac{2+k}{5}\right)\pi}$

したがって，$p_1 = e^{j\frac{3}{5}\pi}$, $p_2 = e^{j\frac{4}{5}\pi}$, $p_3 = e^{j\pi}$, $p_4 = e^{j\frac{6}{5}\pi}$, $p_5 = e^{j\frac{7}{5}\pi}$ となり，

$$p_1 = \cos\frac{3}{5}\pi + j\sin\frac{3}{5}\pi = -0.31 + j0.95$$

$$p_2 = \cos\frac{4}{5}\pi + j\sin\frac{4}{5}\pi = -0.81 + j0.59$$

$$p_3 = \cos\pi + j\sin\pi = -1.00$$

$$p_4 = \cos\frac{6}{5}\pi + j\sin\frac{6}{5}\pi = -0.81 - j0.59$$

$$p_5 = \cos\frac{7}{5}\pi + j\sin\frac{7}{5}\pi = -0.31 - j0.95$$

13.3

(1) 3次のローパスフィルタの伝達関数は $H_3(s) = \dfrac{1}{(s+1)(s^2+s+1)}$ である。$s \to \dfrac{s}{\omega_c}$ の置き換えを行って,

$$H_3(s) = \frac{\omega_c{}^3}{(s+\omega_c)(s^2+\omega_c s+\omega_c{}^2)} = \frac{\omega_c{}^3}{s^3+2\omega_c s^2+2\omega_c{}^2 s+\omega_c{}^3}$$

$$= \frac{2.48 \times 10^{26}}{s^3 + 1.26 \times 10^9 s^2 + 1.58 \times 10^{18} s + 2.48 \times 10^{26}}$$

(2) 3次のローパスフィルタの伝達関数は $H_3(s) = \dfrac{1}{(s+1)(s^2+s+1)}$ である。ハイパスフィルタなので $s \to \dfrac{\omega_c}{s}$ の置き換えを行って,

$$H_3(s) = \frac{1}{\left(\dfrac{\omega_c}{s}+1\right)\left(\left(\dfrac{\omega_c}{s}\right)^2+\dfrac{\omega_c}{s}+1\right)} = \frac{s^3}{s^3+2\omega_c s^2+2\omega_c{}^2 s+\omega_c{}^3}$$

$$= \frac{s^3}{s^3 + 1.26 \times 10^9 s^2 + 1.58 \times 10^{18} s + 2.48 \times 10^{26}}$$

13.4 $H(s) = \dfrac{1}{s+1}$ に対して, $s \to \dfrac{\omega_0}{\omega_b}\left(\dfrac{s}{\omega_0}+\dfrac{\omega_0}{s}\right)$ の置き換えを行って,

$$H(s) = \frac{1}{\dfrac{\omega_0}{\omega_b}\left(\dfrac{s}{\omega_0}+\dfrac{\omega_0}{s}\right)+1} = \frac{\omega_b s}{s^2+\omega_b s+\omega_0{}^2} \quad \text{となる。}$$

$\omega_b = 2\pi f_b = 6.28 \times 10^6$ および $\omega_0 = 2\pi f_0 = 6.28 \times 2 \times 10^7$ を代入すると,

$$H(s) = \frac{6.28 \times 10^6 s}{s^2 + 6.28 \times 10^6 s + 1.58 \times 10^{16}}$$

$$Q = \frac{\omega_0}{\omega_b} = 20$$

13.5 $H(s) = \dfrac{1}{s+1}$ に対して，$s \to \dfrac{\omega_b}{\omega_0} \dfrac{1}{\dfrac{s}{\omega_0} + \dfrac{\omega_0}{s}}$ の置き換えを行って，

$$H(s) = \dfrac{1}{\dfrac{\omega_b}{\omega_0} \dfrac{1}{\dfrac{s}{\omega_0} + \dfrac{\omega_0}{s}} + 1} = \dfrac{s^2 + \omega_0{}^2}{s^2 + \omega_b s + \omega_0{}^2} \quad \text{となる。}$$

$\omega_b = 2\pi f_b = 6.28 \times 10^6$ および $\omega_0 = 2\pi f_0 = 6.28 \times 10^7$ を代入すると，

$$H(s) = \dfrac{s^2 + 3.94 \times 10^{15}}{s^2 + 6.28 \times 10^6 s + 3.94 \times 10^{15}}$$

$$Q = \dfrac{\omega_0}{\omega_b} = 10$$

🎤 第14章

14.1

(1) 式 (14.16) より

$$R_1 = R_2 = R = 50\,\Omega$$

$$C = \dfrac{C(0)}{R\omega_c} = \dfrac{1.414}{50 \times 2\pi \times 10^7} = 450\,\text{pF}$$

$$L = \dfrac{R L(0)}{\omega_c} = \dfrac{50 \times 1.414}{2\pi \times 10^7} = 1.13\,\mu\text{H}$$

(2) ハイパスフィルタを図解14.1(a) に示す。それぞれの値は以下となる。

$$R_1 = R_2 = R = 50\,\Omega$$

$$C = \dfrac{1}{R\omega_c L(0)} = \dfrac{1}{50 \times 2\pi \times 10^7 \times 1.414} = 225\,\text{pF}$$

$$L = \dfrac{R}{\omega_c C(0)} = \dfrac{50}{2\pi \times 10^7 \times 1.414} = 0.565\,\mu\text{H}$$

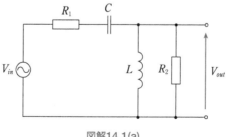

図解14.1(a)

(3) バンドパスフィルタを図解14.1(b) に示す。それぞれの値は以下となる。

$R_1 = R_2 = R = 50\,\Omega$

$$L_1 = \frac{RL\,(0)}{\omega_b} = \frac{50 \times 1.414}{2\pi \times 5 \times 10^5} = 22.51\,\mu\text{H}$$

$$C_1 = \frac{\omega_b}{\omega_0^2 RL\,(0)} = \frac{2\pi \times 5 \times 10^5}{(2\pi \times 10^7)^2 \times 50 \times 1.414} = 11.25\,\text{pF}$$

$$L_2 = \frac{\omega_b R}{\omega_0^2 C\,(0)} = \frac{2\pi \times 5 \times 10^5 \times 50}{(2\pi \times 10^7)^2 \times 1.414} = 28.14\,\text{nH}$$

$$C_2 = \frac{C\,(0)}{\omega_b R} = \frac{1.414}{2\pi \times 5 \times 10^5 \times 50} = 9.00\,\text{nF}$$

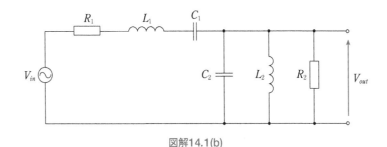

図解14.1(b)

(4) バンドリジェクトフィルタを図解14.1(c) に示す。それぞれの値は以下となる。

$R_1 = R_2 = R = 50\,\Omega$

$$L_1 = \frac{\omega_b RL\,(0)}{\omega_0^2} = \frac{2\pi \times 5 \times 10^5 \times 50 \times 1.414}{(2\pi \times 10^7)^2} = 56.26\,\text{nH}$$

$$C_1 = \frac{1}{\omega_b RL\,(0)} = \frac{1}{2\pi \times 5 \times 10^5 \times 50 \times 1.414} = 4.502\,\text{nF}$$

$$L_2 = \frac{R}{\omega_b C\,(0)} = \frac{50}{2\pi \times 5 \times 10^5 \times 1.414} = 11.25\,\mu\text{H}$$

$$C_2 = \frac{R\omega_b}{\omega_0^2 C\,(0)} = \frac{50 \times 2\pi \times 5 \times 10^5}{(2\pi \times 10^7)^2 \times 1.414} = 28.14\,\text{nF}$$

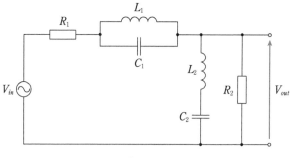

図解14.1(c)

参考までに，得られたバンドパスフィルタ(BPF)とバンドリジェクトフィルタ(BRF)の周波数特性を図解14.1(d) に示す。

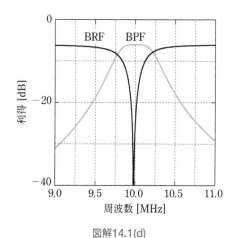

図解14.1(d)

14.2

(1) 3次のローパスフィルタの伝達関数は

$$H_3(s) = \frac{1}{(s+1)(s^2+s+1)}$$ である。$s \to \dfrac{s}{\omega_c}$ の変換を行って，

$$H_{3\_LPF}(s) \to \frac{1}{\left(\dfrac{s}{\omega_c}+1\right)\left\{\left(\dfrac{s}{\omega_c}\right)^2+\left(\dfrac{s}{\omega_c}\right)+1\right\}} = \frac{1}{1+\dfrac{s}{\omega_c}}\frac{\omega_c^2}{s^2+\omega_c s+\omega_c^2}$$

と展開できる。したがって式 (14.20) より $Q = 1$である。式 (14.25) より $A = 1$，$B = -1$，式 (14.26a) より $a = 0$，$b = 0$，$c = 1$である。また容量 C は

$$C = \frac{1}{R\omega_c} = \frac{1}{10^3 \times 2\pi \times 10^6} = 159.2 \text{ pF}$$

(2) 3次のローパスフィルタの伝達関数は先に示されているので，$s \to \dfrac{\omega_c}{s}$ の変換を行って，

$$H_{3\_HPF}(s) \to \cfrac{1}{\left(\dfrac{\omega_c}{s}+1\right)\left\{\left(\dfrac{\omega_c}{s}\right)^2+\left(\dfrac{\omega_c}{s}\right)+1\right\}} = \cfrac{\dfrac{s}{\omega_c}}{1+\dfrac{s}{\omega_c}}\cdot\cfrac{s^2}{s^2+\omega_c s+\omega_c{}^2}$$

と展開できる。したがって式 (14.20) より $Q=1$ である。式 (14.25) より $A=1$，$B=-1$，式 (14.26b) より $a=1$，$b=0$，$c=0$ である。また容量 C は

$$C = \frac{1}{R\omega_c} = \frac{1}{10^3 \times 2\pi \times 10^6} = 159.2\,\text{pF}$$

参考までに，得られた周波数特性を図解14.2に示す。傾斜がそれぞれ $-60\,\text{dB/dec}$，$60\,\text{dB/dec}$ となり3次の LPF，HPF の周波数特性が得られている。

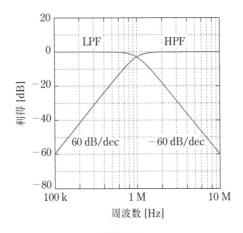

図解14.2

14.3

(1) 図14.4(b) もしくは付録の表から，$L_1 = 2\,\text{H}$，$C_1 = C_2 = 1\,\text{F}$ となる。

(2) 式 (14.16) より，

$$R_1 = R_2 = R = 1\,\text{k}\Omega$$

$$C_1 = C_2 = \frac{C(0)}{R\omega_c} = \frac{1}{10^3 \times 2\pi \times 10^7} = 15.92\,\text{pF}$$

$$L_1 = \frac{RL(0)}{\omega_c} = \frac{10^3 \times 2}{2\pi \times 10^7} = 31.85\,\mu\text{H}$$

(3) 図問 14.3(a) において，以下の電圧・電流式が成り立つ。

$$I_1 = \frac{V_{in} - V_1}{R}$$

$$I_2 = \frac{V_1 - V_{out}}{sL_1}$$

$$V_1 = \frac{I_1 - I_2}{sC_1}$$

$$V_{out} = \frac{I_2 - I_3}{sC_2} = RI_3$$

次に，すべてを電圧に変換する。

$$RI_1 = V_{in} - V_1$$

$$RI_2 = \frac{V_1 - V_{out}}{s\dfrac{L_1}{R}}$$

$$V_1 = \frac{R(I_1 - I_2)}{sRC_1}$$

$$V_{out} = \frac{R(I_2 - I_3)}{sRC_2} = RI_3$$

この式から伝達関数は図解14.3(a) のように表される。

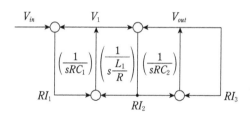

図解14.3(a)

(4) 得られたフィルタ回路を図解14.3(b) に示す。

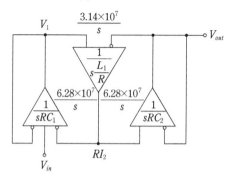

図解14.3(b)

参考までに，図解14.3(c) に完全差動型演算増幅器を用いたフィルタ回路と定数を，図解14.3(d) に周波数特性を示す。

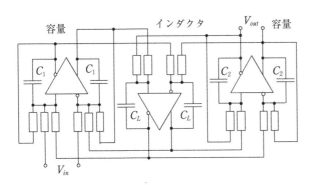

$R = 1\,\mathrm{k\Omega}$

$C_1 = C_2 = 15.92\,\mathrm{pF}$

$C_L = \dfrac{L}{R^2} = 31.85\,\mathrm{pF}$

図解14.3(c)

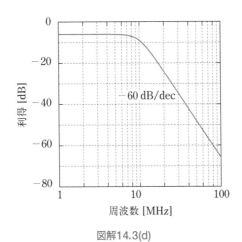

図解14.3(d)

14.4

(1) 付録の表 A.1 より，$L_1(0) = L_2(0) = 1.00$，$C = 2.0$。したがって式 (14.16) より，

$$L_1 = L_2 = \frac{R L(0)}{\omega_c} = \frac{50 \times 1.00}{2\pi \times 10^7} \approx 796\,\mathrm{nH}$$

$$C = \frac{C(0)}{R\omega_c} = \frac{2.00}{50 \times 2\pi \times 10^7} \approx 637\,\mathrm{pF}$$

(2) 付録の表 A.2 より，$L_1(0) = L_2(0) = 2.216$，$C = 1.088$。したがって式 (14.16) より，

$$L_1 = L_2 = \frac{RL(0)}{\omega_c} = \frac{50 \times 2.216}{2\pi \times 10^7} \approx 1.76\,\mu\text{H}$$

$$C = \frac{C(0)}{R\omega_c} = \frac{1.088}{50 \times 2\pi \times 10^7} \approx 347\,\text{pF}$$

(3) 付録の表 A.2 より，$L_1(0) = L_2(0) = 2.800$，$C = 0.860$。したがって式 (14.16) より，

$$L_1 = L_2 = \frac{RL(0)}{\omega_c} = \frac{50 \times 2.8}{2\pi \times 10^7} \approx 2.23\,\mu\text{H}$$

$$C = \frac{C(0)}{R\omega_c} = \frac{0.86}{50 \times 2\pi \times 10^7} \approx 274\,\text{pF}$$

参考までに，各フィルタの周波数特性を図解14.4に示す。チェビシェフフィルタの方がストップバンドにおいて減衰が大きいが，パスバンドにおいて周波数特性がフラットにならずリップルを持つ。リップルが大きいほどストップバンドにおいて減衰が大きい。

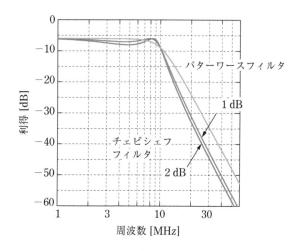

図解14.4

🎙 第15章

15.1 式 (15.13) ～式 (15.15) より，

$$Z_a = \frac{Z_{ca}Z_{ab}}{Z_{ab} + Z_{bc} + Z_{ca}} = \frac{(8 - j12)(8 + j6)}{24} = \frac{17}{3} - j2\,\Omega$$

$$Z_b = \frac{Z_{ab}Z_{bc}}{Z_{ab} + Z_{bc} + Z_{ca}} = \frac{(8 + j6)(8 + j6)}{24} = \frac{7}{6} + j4\,\Omega$$

$$Z_c = \frac{Z_{bc}Z_{ca}}{Z_{ab} + Z_{bc} + Z_{ca}} = \frac{(8 + j6)(8 - j12)}{24} = \frac{17}{3} - j2\,\Omega$$

等価回路を図解15.1に示す。

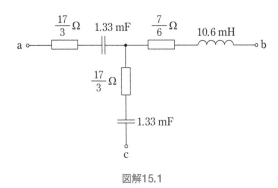

図解15.1

15.2

(1) 問題では図解15.2(a) に示した回路になっているので，電源を Δ 形から Y 形に変換し，図解15.2(b) の回路を得る。

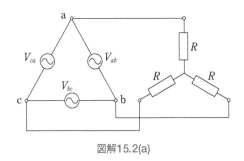

図解15.2(a)

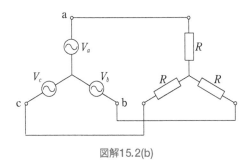

図解15.2(b)

式 (15.22) より Y 形電源の電圧は $V_a = \dfrac{V_{ab}}{\sqrt{3}} = \dfrac{200}{\sqrt{3}} = 115.5\,\mathrm{V}$ となるので，

抵抗値 R は $R = \dfrac{V_a}{I_a} = \dfrac{115.5}{2} \approx 57.75\,\Omega$

(2) はじめに図解15.2(c) に示すように，負荷回路を Δ 形から Y 形に変換する。

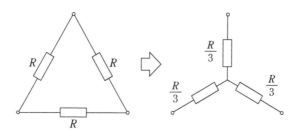

図解15.2(c)

式 (15.19) より各抵抗は $\dfrac{R}{3}$ になる。したがって，線電流 I は3倍流れるので6Aである。

(3) Δ結線の場合は各ノードに流れる電流の3倍の電流が流れるので，消費電力 P は

$$P = 3V_a I = 3 \times 115.5 \times 2 = 693 \text{ W}$$

　Y結線の場合は各電流が3倍流れるので，消費電力も3倍になる。よって，消費電力 P は2.08 kW である。

15.3 図解15.3に示すように，Δ形回路をY形回路に変換する。

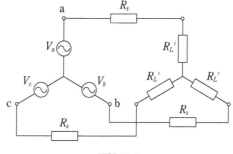

図解15.3

式 (15.22) より

$$V_a = \frac{V_{ab}}{\sqrt{3}} = \frac{200}{\sqrt{3}} = 115.5 \text{ V}$$

また抵抗 $R_L{}'$ は式 (15.19) より

$$R_L{}' = \frac{R_L}{3} = \frac{30}{3} = 10 \ \Omega$$

よって，R_s および $R_L{}'$ を流れる電流 I は

$$I = \frac{V_a}{R_s + R_L{}'} = \frac{115.4}{10 + 5} \approx 7.69 \text{ A}$$

したがって，消費電力は

$$P_s = R_s I^2 \approx 296\,\text{W}$$

$$P_L = R_L' I'^2 \approx 592\,\text{W}$$

15.4 図解 15.4 に示すように，負荷回路を Δ 形から Y 形に変換する。

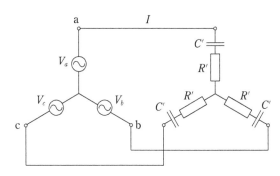

図解15.4

抵抗 R' および容量 C' は，式 (15.19) より

$$\left.\begin{aligned} R' &= \frac{R}{3} \\ C' &= 3C \end{aligned}\right\}$$

したがって，流れる電流 I は

$$I = \frac{V_a}{R' + \dfrac{1}{j\omega C'}} = \frac{3V_a}{R + \dfrac{1}{j\omega C}} = 3V_a \frac{j\omega C}{1 + j\omega RC} = 3V_a \frac{(\omega C)^2 R + j\omega C}{1 + (\omega RC)^2}$$

電流の大きさは

$$|I| = 3V_a \frac{\sqrt{(\omega C)^4 R^2 + (\omega C)^2}}{1 + (\omega RC)^2} \approx 11.9\,\text{A}$$

電流の実数部 $\mathrm{Re}\{I\}$ は

$$\mathrm{Re}\{I\} = 3V_a \frac{(\omega C)^2 R}{1 + (\omega RC)^2} \approx 6.34\,\text{A}$$

したがって，電力 P は

$$P = 3V_a \cdot \mathrm{Re}\{I\} = 3 \times 150 \times 6.34 \approx 2.85\,\text{kW}$$

15.5 各相の負荷インピーダンス Z_Y は，

$$Z_Y = R + j\omega L = 10 + 2\pi \times 50 \times 50 \times 10^{-3} \approx 10 + j15.7\,\Omega$$

力率 $\cos\theta$ は，

$$\cos\theta = \frac{R}{\sqrt{R^2 + (\omega L)^2}} \approx 0.537$$

相電圧 V_a, V_b, V_c の実効値は等しく $\frac{200}{\sqrt{3}} \approx 115.5\,\text{V}$

相電流 I_a, I_b, I_c の実効値は $I_a = I_b = I_c = \frac{115.5}{10 + j15.7} \approx 3.33 - j5.23 = 6.20\angle{-57}°$。したがって $6.20\,\text{A}$

各相の消費電力 P_a, P_b, P_c は,

$$P_a = P_b = P_c = V_a \cdot I_a \cdot \cos\theta = 115.5 \times 6.20 \times 0.537 \approx 385\,\text{W}$$

したがって,回路全体の消費電力はこれを3倍して,1155\,W

🎙 第 16 章

16.1 はじめに係数 a_0 を求める。

$$a_0 = \frac{2}{2\pi} \times 2 \times \int_0^\pi A\sin t\,dt = -\frac{2A}{\pi}[\cos t]_0^\pi = \frac{4A}{\pi}$$

この関数は偶関数なので $b_n = 0$。よって,a_n は

$$a_n = \frac{2}{2\pi} \times 2 \times \int_0^\pi A\sin t \cdot \cos nt\,dt = \frac{A}{\pi}\int_0^\pi \{\sin(n+1)t - \sin(n-1)t\}\,dt$$

$$= \frac{A}{\pi}\left[\frac{-1}{n+1}\cos(n+1)t + \frac{1}{n-1}\cos(n-1)t\right]_0^\pi$$

$$= \frac{A}{\pi}\left\{\frac{1}{n+1} - \frac{1}{n-1} - \frac{1}{n+1}\cos(n+1)\pi + \frac{1}{n-1}\cos(n-1)\pi\right\}$$

$$= \frac{A}{\pi}\left\{\frac{1}{n+1} - \frac{1}{n-1} + \frac{(-1)^n}{n+1} - \frac{(-1)^n}{n-1}\right\} = \frac{A}{\pi}\left(\frac{1}{n+1} - \frac{1}{n-1}\right)\{1 + (-1)^n\}$$

$$= -\frac{2A}{\pi}\frac{1 + (-1)^n}{n^2 - 1} = -\frac{4A}{\pi}\frac{1}{4m^2 - 1}$$

ここで,$n = 2m$ である。したがって,関数 $f(t)$ のフーリエ級数表現は

$$f(t) = \frac{2A}{\pi} - \frac{4A}{\pi}\sum_{m=1}^\infty \frac{1}{4m^2 - 1}\cos(2mt)$$

となる。

16.2 はじめに係数 a_0 を求める。

$$a_0 = \frac{2}{2\pi} \times 2 \times \int_0^{\frac{\pi}{2}} A\cos t\,dt = \frac{2A}{\pi}[\sin t]_0^{\frac{\pi}{2}} = \frac{2A}{\pi}$$

この関数は偶関数なので $b_n = 0$。よって,a_n は

$$a_n = \frac{2}{2\pi} \times 2 \times \int_0^{\frac{\pi}{2}} A\cos t \cdot \cos nt\, dt = \frac{A}{\pi} \int_0^{\frac{\pi}{2}} \{\cos(n+1)t + \cos(n-1)t\}dt$$

$$= \frac{A}{\pi} \left[\frac{1}{n+1}\sin(n+1)t + \frac{1}{n-1}\sin(n-1)t \right]_0^{\frac{\pi}{2}}$$

$$= \frac{A}{\pi} \left\{ \frac{1}{n+1}\sin\left(\frac{n+1}{2}\right)\pi + \frac{1}{n-1}\sin\left(\frac{n-1}{2}\right)\pi \right\} = \frac{A}{\pi}\left\{ \frac{(-1)^m}{2m+1} - \frac{(-1)^m}{2m-1} \right\}$$

$$= -\frac{2A}{\pi}\frac{(-1)^m}{4m^2-1}$$

ここで，$n = 2m$ である。したがって，フーリエ級数表現は

$$f(t) = \frac{A}{\pi} - \frac{2A}{\pi}\sum_{m=1}^{\infty} \frac{(-1)^m}{4m^2-1}\cos(2mt)$$

となる。

16.3

(1) 最大振幅で取り出すことができるためには，共振周波数 f_0 に 2 MHz が必要なので，

$$f_0 = \frac{1}{2\pi\sqrt{LC}} \quad より \quad C = \frac{1}{(2\pi f_0)^2 L} = \frac{1}{(2\pi \times 2 \times 10^6)^2 \times 10^{-6}} \approx 6.34\,\text{nF}$$

(2) 絶対値を発生させる全波整流信号の第2高調波の振幅は，問題 16.1 の結果を用いて

$$f(t) = \frac{2A}{\pi} - \frac{4A}{\pi}\sum_{m=1}^{\infty} \frac{1}{4m^2-1}\cos(2mt)$$

第2高調波の振幅 V_{s_2} は

$$V_{s\_2} = \frac{4A}{3\pi} \approx 0.425\,\text{V}$$

直列共振回路で容量に発生する電圧は Q 倍されるので，必要な Q の値は

$$Q = \frac{5}{0.425} \approx 11.8$$

したがって，$Q = \dfrac{\omega L}{R}$ を用いると以下となる。

$$R = \frac{\omega L}{Q} = \frac{2\pi \times 2 \times 10^6 \times 10^{-6}}{11.8} \approx 1.06\,\Omega$$

参考までに，V_s，V_{out} の波形を図解 16.1 に示す。定常状態では振幅は 5 V になっている。

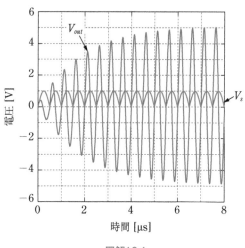

図解16.1

16.4 基本波 I_1 の実効値は $\dfrac{10}{\sqrt{2}}$，第2高調波 I_2 の実効値は $\dfrac{5}{\sqrt{2}}$，第3高調波 I_3 の実効値は $\dfrac{3}{\sqrt{2}}$。

したがって，全電流の実効値 I_e は，$I_e = \sqrt{I_1^2 + I_2^2 + I_3^2} = \sqrt{\dfrac{10^2 + 5^2 + 3^2}{2}} \approx 11.58\,\text{A}$

ひずみ率 k は，$k = \dfrac{\sqrt{I_2^2 + I_3^2}}{I_1} = \dfrac{\sqrt{5^2 + 3^2}}{10} \approx 0.583$

16.5 実効電力 P は，

$$P = V_1 I_1 \cos\theta_1 + V_3 I_3 \cos\theta_3 = \frac{10 \times 4}{2}\cos\left(-\frac{\pi}{3}\right) + \frac{5}{2}\cos\left(-\frac{\pi}{6}\right)$$

$$= 20 \times \frac{1}{2} + 2.5 \times \frac{\sqrt{3}}{2} = 12.17\,\text{W}$$

皮相電力 P_a は，$P_a = \sqrt{\dfrac{10^2 + 5^2}{2}} \cdot \sqrt{\dfrac{4^2 + 1^2}{2}} \approx 7.905 \times 2.915 \approx 23.0\,\text{VA}$

力率は，$\dfrac{P}{P_a} = \dfrac{12.17}{23.0} \approx 0.53$

🔩 第17章

17.1 特性インピーダンス Z_0 は

式 (17.16) より，$Z_0 = \sqrt{\dfrac{Z}{Y}} = \sqrt{\dfrac{0.05 + j0.6}{j0.42 \times 10^{-7}}} = 3.8 \times 10^3 \angle -2.4° = 3.8 \times 10^3 - j157$

伝搬定数 γ は

式 (17.11) より，$\gamma = \sqrt{ZY} = \sqrt{(0.05 + j0.6)(j0.42 \times 10^{-7})} = 6.6 \times 10^{-6} + j1.6 \times 10^{-4}$

減衰定数 α と位相定数 β は，式 (17.22) より $\alpha + j\beta = \gamma$

したがって,

$$\alpha = 6.6 \times 10^{-6}\,/\,\mathrm{km}$$

$$\beta = 1.6 \times 10^{-4}\,\mathrm{rad/km}$$

17.2 式 (17.32) より,減衰定数 α は

$$\alpha = \sqrt{RG} = \sqrt{R\frac{R}{Z_0^2}} = \frac{R}{Z_0} = \frac{0.05}{100} = 5 \times 10^{-4}\,/\,\mathrm{m}$$

17.3 式 (17.20) より,伝送線路の伝搬方程式は

$$\begin{bmatrix} V_0 \\ I_0 \end{bmatrix} = \begin{bmatrix} \cosh\gamma x & Z_0\sinh\gamma x \\ \dfrac{\sinh\gamma x}{Z_0} & \cosh\gamma x \end{bmatrix} \begin{bmatrix} V_x \\ I_x \end{bmatrix}$$

となる。また,各パラメータは次式で表される。

$$\left.\begin{array}{l} A = D = \cosh\gamma x \\ B = Z_0\sinh\gamma x \\ C = \dfrac{\sinh\gamma x}{Z_0} \end{array}\right\}$$

これに各値を代入すると,

$$\left.\begin{array}{l} A = D = \cos\beta x = \cos\dfrac{\pi}{2} = 0 \\ B = Z_0\sin\beta x = 50\sin\dfrac{\pi}{2} = 50\,\Omega \\ C = \dfrac{\sin\beta x}{Z_0} = \dfrac{1}{50}\sin\dfrac{\pi}{2} = 20\,\mathrm{mS} \end{array}\right\}$$

17.4 伝送線路の F パラメータは,式 (17.20) より,

$$\begin{bmatrix} A & B \\ C & D \end{bmatrix} = \begin{bmatrix} \cosh\gamma x & Z_0\sinh\gamma x \\ \dfrac{\sinh\gamma x}{Z_0} & \cosh\gamma x \end{bmatrix}$$

T 型等価回路の F パラメータは,

$$\begin{bmatrix} A & B \\ C & D \end{bmatrix} = \begin{bmatrix} 1 & Z_1 \\ 0 & 1 \end{bmatrix}\begin{bmatrix} 1 & 0 \\ 1/Z_2 & 1 \end{bmatrix}\begin{bmatrix} 1 & Z_1 \\ 0 & 1 \end{bmatrix} = \begin{bmatrix} 1 + Z_1/Z_2 & 2Z_1 + Z_1^2/Z_2 \\ 1/Z_2 & 1 + Z_1/Z_2 \end{bmatrix}$$

したがって,

$$Z_2 = \frac{Z_0}{\sinh\gamma x}$$

$$Z_1 = Z_2\left(\cosh\gamma x - 1\right) = Z_0\,\frac{\cosh\gamma x - 1}{\sinh\gamma x} = Z_0\,\frac{2\sinh^2\dfrac{\gamma x}{2}}{2\sinh\dfrac{\gamma x}{2}\cosh\dfrac{\gamma x}{2}} = Z_0\tanh\frac{\gamma x}{2}$$

17.5

(1) 伝送線路を伝搬する電圧 V_s はステップ波の電圧が 1 V なので

$$V_s = \frac{Z_0}{R_1 + Z_0} = \frac{50}{60} \approx 0.83\ \text{V}$$

近端の反射係数 r_1 と遠端の反射係数 r_2 は，式 (17.58) より

$$\left.\begin{aligned}
r_1 &= \frac{R_1 - Z_0}{R_1 + Z_0} = -\frac{40}{60} \approx -0.67 \\[1mm]
r_2 &= \frac{R_2 - Z_0}{R_2 + Z_0} = \frac{50}{150} \approx 0.33
\end{aligned}\right\}$$

よって，近端の電圧は

$$V(0, 0) = V_s \approx 0.83\ \text{V}$$

$$V(0, 2ns) = V_s \{1 + (1 + r_1)r_2\} \approx 0.93\ \text{V}$$

$$V(0, 4ns) = V_s \{1 + (1 + r_1)r_2 (1 + r_1 r_2)\} \approx 0.90\ \text{V}$$

$$V(0, 6ns) = V_s \left[1 + (1 + r_1)r_2 \{1 + r_1 r_2 + (r_1 r_2)^2\}\right] \approx 0.91\ \text{V}$$

よって，遠端の電圧は

$$V(l, 0) = 0$$

$$V(l, 1ns) = V_s (1 + r_2) \approx 1.11\ \text{V}$$

$$V(l, 3ns) = V_s (1 + r_2)(1 + r_1 r_2) \approx 0.86\ \text{V}$$

$$V(l, 5ns) = V_s (1 + r_2)\{1 + r_1 r_2 + (r_1 r_2)^2\} \approx 0.92\ \text{V}$$

(2) 伝送線路を伝搬する電圧 V_s はステップ波の電圧が 1 V なので

$$V_s = \frac{Z_0}{R_1 + Z_0} = \frac{50}{150} \approx 0.33\ \text{V}$$

近端の反射係数 r_1 と遠端の反射係数 r_2 は，式 (17.58) より

$$\left.\begin{aligned}
r_1 &= \frac{R_1 - Z_0}{R_1 + Z_0} = \frac{50}{150} \approx 0.33 \\[1mm]
r_2 &= \frac{R_2 - Z_0}{R_2 + Z_0} = \frac{50}{150} \approx 0.33
\end{aligned}\right\}$$

よって，近端の電圧は

$$V(0, 0) = V_s \approx 0.33\ \text{V}$$

$$V(0, 2ns) = V_s \{1 + (1 + r_1)r_2\} \approx 0.48\ \text{V}$$

$$V(0, 4ns) = V_s \{1 + (1 + r_1)r_2 (1 + r_1 r_2)\} \approx 0.50\ \text{V}$$

$$V(0, 6ns) = V_s \left[1 + (1 + r_1)r_2 \{1 + r_1 r_2 + (r_1 r_2)^2\}\right] \approx 0.50\ \text{V}$$

よって，遠端の電圧は

$V(l, 0) = 0$

$V(l, 1ns) = V_s (1 + r_2) \approx 0.44\,\mathrm{V}$

$V(l, 3ns) = V_s (1 + r_2)(1 + r_1 r_2) \approx 0.49\,\mathrm{V}$

$V(l, 5ns) = V_s (1 + r_2)\{1 + r_1 r_2 + (r_1 r_2)^2\} \approx 0.50\,\mathrm{V}$

参考までに，それぞれの場合の近端と遠端の波形を図解17.1に示す。

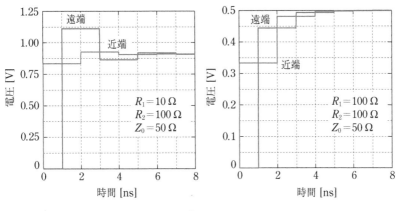

図解17.1

🌱 第18章

18.1

(1)　線路の入力端を流れる電流 I_1 は 40 mA なので，線路の入力端から見たインピーダンス Z_i は，$|V_s| = (R_s + Z_i)|I_1|$ より，

$$Z_i = \left|\frac{V_s}{I_1}\right| - R_s = \frac{10}{4 \times 10^{-2}} - 50 = 200\,\Omega$$

線路の長さが $\lambda/4$ なので，式 (18.39) より線路の入力インピーダンス Z_i は

$$Z_i = \frac{Z_0^2}{R}$$

したがって，

$$R = \frac{Z_0^2}{Z_i} = \frac{2500}{200} = 12.5\,\Omega$$

(2)　$|V_1| = Z_i |I_1| = 200 \times 4 \times 10^{-2} = 8\,\mathrm{V}$

(3)　入力端と出力端の電力は等しいので，

$|V_1 \times I_1| = R I_2^2$

したがって，

$$|I_2| = \sqrt{\frac{|V_1 \times I_1|}{R}} = \sqrt{\frac{8 \times 4 \times 10^{-2}}{12.5}} = 160 \, \text{mA}$$

18.2

(1) 式 (18.33) より長さ d のショートスタブの入力インピーダンスは

$$Z_i(d) = jZ_0 \tan\left(2\pi \frac{d}{\lambda}\right)$$

で与えられる。インピーダンスが無限になる最小の d は

$$2\pi \frac{d}{\lambda} = \frac{\pi}{2}$$

したがって,

$$d = \frac{\lambda}{4} = \frac{30}{4} = 7.5 \, \text{mm}$$

(2) 長さ d のショートスタブの入力インピーダンスは

$$Z_i(d) = jZ_0 \tan\left(2\pi \frac{d}{\lambda}\right)$$

で与えられるので, $d = \lambda/8$ を代入すると, 入力インピーダンスは

$$Z_i(d) = jZ_0$$

となる。したがって, 並列共振時には回路のアドミッタンス Y が 0 になるので,

$$Y = j\omega C + \frac{1}{jZ_0} = 0$$

これより

$$C = \frac{1}{\omega Z_0} = \frac{1}{2\pi f_0 Z_0} = \frac{1}{2\pi \times 10^{10} \times 50} \approx 0.32 \, \text{pF}$$

18.3 式 (18.32) より, 特性インピーダンス $100 \, \Omega$, 長さ $\lambda/8$ の線路の入力インピーダンス $Z_i(\lambda/8)$ は Z_{01} に等しいことから,

$$Z_i(\lambda/8) = Z_{02} \frac{Z_L + jZ_{02} \tan\left(2\pi \times \dfrac{1}{8}\right)}{Z_{02} + jZ_L \tan\left(2\pi \times \dfrac{1}{8}\right)} = Z_{02} \frac{Z_L + jZ_{02}}{Z_{02} + jZ_L} = Z_{01}$$

これより, $Z_L = Z_{02} \dfrac{Z_{01} - jZ_{02}}{Z_{02} - jZ_{01}}$

各値を代入して, $R = 80 \, \Omega$, $X = 60 \, \Omega$

18.4 電源からインダクタを見たときのインピーダンス Z_{iL} および, 電源から容量を見たときのインピーダンス Z_{iC} は, 式 (18.39) より

$$Z_{iL} = \frac{Z_{01}{}^2}{j\omega_0 L} \left.\vphantom{\frac{Z_{01}{}^2}{j\omega_0 L}}\right\}$$
$$Z_{iC} = Z_{02}{}^2 \cdot j\omega_0 C$$

したがって，電源から見たアドミッタンス Y が 0 になっているので

$$Y = \frac{j\omega_0 L}{Z_{01}{}^2} + \frac{1}{jZ_{02}{}^2\,\omega_0 C} = 0$$

これより，$LC = \left(\dfrac{1}{\omega_0}\dfrac{Z_{01}}{Z_{02}}\right)^2$ の関係がある。

18.5

(a) L 直列 C 並列の場合は，式 (18.66) より

$$X_1 = \omega L_1 = \sqrt{R_s\,(R_L - R_s)} \left.\vphantom{\frac{R_s}{R_L-R_s}}\right\}$$
$$X_2 = -\frac{1}{\omega C_1} = -R_L \sqrt{\frac{R_s}{R_L - R_s}}$$

したがって

$$L_1 = \frac{\sqrt{R_s\,(R_L - R_s)}}{\omega} = \frac{\sqrt{50\,(200 - 50)}}{2\pi \times 10^8} = 138\,\text{nH} \left.\vphantom{\frac{\sqrt{50}}{50}}\right\}$$
$$C_1 = \frac{1}{\omega R_L}\sqrt{\frac{R_L - R_s}{R_s}} = \frac{1}{2\pi \times 10^8 \times 200}\sqrt{\frac{150}{50}} = 13.8\,\text{pF}$$

(b) C 直列 L 並列の場合は，式 (18.66) より

$$X_1 = -\frac{1}{\omega C_2} = -\sqrt{R_s\,(R_L - R_s)} \left.\vphantom{\frac{R_s}{R_L-R_s}}\right\}$$
$$X_2 = \omega L_2 = R_L \sqrt{\frac{R_s}{R_L - R_s}}$$

したがって

$$C_2 = \frac{1}{\omega\sqrt{R_s\,(R_L - R_s)}} = \frac{1}{2\pi \times 10^8 \times \sqrt{50\,(200 - 50)}} = 18.4\,\text{pF} \left.\vphantom{\frac{\sqrt{50}}{150}}\right\}$$
$$L_2 = \frac{R_L}{\omega}\sqrt{\frac{R_s}{R_L - R_s}} = \frac{200}{2\pi \times 10^8}\sqrt{\frac{50}{150}} = 184\,\text{nH}$$

🎙 第 19 章

19.1

(1) 電流の変化 ΔI_L は $\Delta I_L = \dfrac{1}{L}\displaystyle\int_{t_0}^{t_0 + \Delta t}(V_s - V_o\,(n))dt \approx \dfrac{\Delta t}{L}(V_s - V_o\,(n))$

(2) 電流の変化 ΔI_L は $\Delta I_L = -\dfrac{1}{L}\displaystyle\int_{t_0}^{t_0 + \Delta t}V_o\,(n)\,dt \approx -\dfrac{\Delta t}{L}V_o\,(n)$

(3) 出力電圧 V_o は $\dfrac{D_T T}{L}(V_s - V_o) = \dfrac{(1 - D_T)T}{L}V_o$ であるので, $V_o = D_T V_s$

19.2

(1) インダクタを流れる電流の変化は

$$\Delta I_{L\_on} = \frac{D_T T}{L}(V_s - V_o) = \frac{0.5 \times 0.5 \times 10^{-6}}{2 \times 10^{-6}}(10 - 2) = 1.0\,\text{A}$$

$$\Delta I_{L\_off} = -\frac{(1 - D_T)T}{L}V_o = -\frac{0.5 \times 0.5 \times 10^{-6}}{2 \times 10^{-6}}2 = -0.25\,\text{A}$$

$$\Delta I_L = \Delta I_{L\_on} + \Delta I_{L\_off} = 0.75\,\text{A}$$

全体でのインダクタの電流が増加しているので, 出力電圧は増加する.

(2) インダクタを流れる電流の変化は

$$\Delta I_{L\_on} = \frac{D_T T}{L}(V_s - V_o) = \frac{0.5 \times 0.5 \times 10^{-6}}{2 \times 10^{-6}}(10 - 5) = 0.625\,\text{A}$$

$$\Delta I_{L\_off} = -\frac{(1 - D_T)T}{L}V_o = -\frac{0.5 \times 0.5 \times 10^{-6}}{2 \times 10^{-6}}5 = -0.625\,\text{A}$$

$$\Delta I_L = \Delta I_{L\_on} + \Delta I_{L\_off} = 0$$

全体でのインダクタの電流変化が0なので, 出力電圧は横ばいである.

(3) インダクタを流れる電流の変化は

$$\Delta I_{L\_on} = \frac{D_T T}{L}(V_s - V_o) = \frac{0.5 \times 0.5 \times 10^{-6}}{2 \times 10^{-6}}(10 - 8) = 0.25\,\text{A}$$

$$\Delta I_{L\_off} = -\frac{(1 - D_T)T}{L}V_o = -\frac{0.5 \times 0.5 \times 10^{-6}}{2 \times 10^{-6}}8 = -1.0\,\text{A}$$

$$\Delta I_L = \Delta I_{L\_on} + \Delta I_{L\_off} = -0.75\,\text{A}$$

全体でのインダクタの電流変化が負なので, 出力電圧は減少する.

19.3

(1) $P_L = P_s = \dfrac{V_o^2}{R_L} = \dfrac{5^2}{0.4} = 62.5\,\text{W}$

(2) $I_R = \dfrac{V_o}{R_L} = \dfrac{5}{0.4} = 12.5\,\text{A}$

$I_s = D_T I_R = 0.5 \times 12.5 = 6.25\,\text{A}$

(3) $\Delta V_o = \dfrac{D_T (1 - D_T)V_s T^2}{8LC} = \dfrac{0.5 \times 0.5 \times 10 \times (0.5 \times 10^{-6})^2}{8 \times 2 \times 10^{-6} \times 10 \times 10^{-6}} = 3.9\,\text{mV}$

$\gamma = \dfrac{\Delta V_o}{V_o} = \dfrac{3.9 \times 10^{-3}}{5} = 7.8 \times 10^{-4} = 0.078\,\%$

19.4 リップル率を与える式 (19.18) より,

$$C = \frac{(1 - D_T)T^2}{8L\gamma}$$

また式 (19.37) より

$$\frac{L}{C} = 4\,(R_L\zeta)^2$$

この2式より

$$C = \frac{(1 - D_T)T^2}{8L\gamma} = \frac{(1 - D_T)T^2}{8\gamma \times 4C\,(R_L\zeta)^2}$$

$$C = \frac{T}{R_L\zeta}\sqrt{\frac{1 - D_T}{32\gamma}}$$

が得られる。この式に，周期 T=2.5 μs，R_L=0.4 Ω，D_T=0.4，ζ=0.7，γ=0.001 を代入すると，

$$C = \frac{2.5 \times 10^{-6}}{0.4 \times 0.7}\sqrt{\frac{0.6}{32 \times 0.001}} \approx 38.7\,\mu\text{F}$$

$$L = 4C\,(R_L\zeta)^2 = 4 \times 3.87 \times 10^{-5} \times (0.4 \times 0.7)^2 \approx 12.1\,\mu\text{H}$$

が得られる。参考までに，この回路の出力電圧波形とリップル波形を図解19.1に示す。

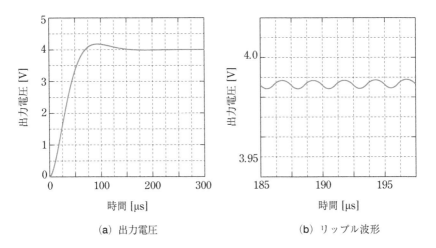

　　(a) 出力電圧　　　　　　　　　　(b) リップル波形

図解19.1

参考文献

· M. E. Van Valkenburg, *Network Analysis*, Prentice-Hall, 1964

· James W. Nilsson and Suzan A. Riedel, *Electric Circuits*, Pearson International Edition, 2008

· Reinhold Ludwig and Gene Bogdanov, *RF Circuit Design*: *Theory and Applications*, Pearson International Edition, 2008

· 柳沢健, 回路理論基礎(電気学会大学講座), 電気学会, 1986

· 西巻正郎・森武昭・荒井俊彦, 電気回路の基礎(第3版), 森北出版, 2014

· 西巻正郎・下川博文・奥村万規子, 続　電気回路の基礎(第3版), 森北出版, 2014

· 町田東一・小島紀男・高橋宣明・西川清(編), アナログ・ディジタル伝送回路の基礎, 東海大学出版会, 1991

· 松本聡, 工学の基礎　電気磁気学(修訂版), 裳華房, 2017

索 引

著者紹介

松澤　昭　博士（工学）

1978 年　東北大学大学院工学研究科修士課程修了
同　　年　松下電器産業 入社
1997 年　東北大学大学院工学研究科博士課程修了
2003 年　東京工業大学大学院理工学研究科 教授
2018 年　東京工業大学 名誉教授
現　在　株式会社テックイデア 代表取締役社長
著　書　『はじめてのアナログ電子回路　基本回路編』講談社 (2015)
　　　　　『はじめてのアナログ電子回路　実用回路編』講談社 (2016)
　　　　　『新しい電気回路<上>』講談社 (2021)

NDC541.1　　254p　　21cm

新しい電気回路<下>

2021 年 9 月 9 日　　第 1 刷発行

著　者　松澤　昭
発行者　髙橋明男
発行所　株式会社　講談社
　　　　〒 112-8001　東京都文京区音羽 2-12-21
　　　　　販売　(03) 5395-4415
　　　　　業務　(03) 5395-3615

KODANSHA

編　集　株式会社　講談社サイエンティフィク
　　　　代表　堀越俊一
　　　　〒 162-0825　東京都新宿区神楽坂 2-14　ノービィビル
　　　　　編集　(03) 3235-3701

本文データ製作　株式会社エヌ・オフィス
カバー・表紙印刷　豊国印刷株式会社
本文印刷・製本　株式会社　講談社

講談社の自然科学書

データサイエンス入門シリーズ

※表示価格には消費税（10%）が加算されています。　**[2021年7月]**

講談社サイエンティフィク　https://www.kspub.co.jp/